變革抗拒

哈佛組織心理學家教你不靠意志力
啟動變革開關

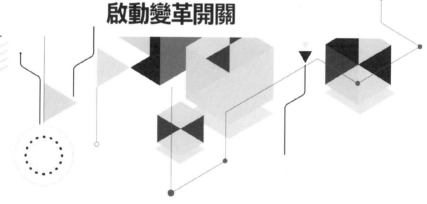

Immunity to Change

How to Overcome It and Unlock the Potential
in Yourself and Your Organization

羅伯特‧凱根　Robert Kegan
麗莎‧萊斯可‧拉赫　Lisa Laskow Lahey〔著〕

國立臺灣大學 工商管理學系暨商學研究所專任教授　陸洛〔審校〕

陸洛、吳欣蓓、張婷婷、樊學良、吳珮瑀、周君倚、陳楓媚、梁錦泉〔譯〕

獻給伯納德（Bernard）和莎莉·凱根（Saralee Kegan），
以及我的朋友比爾（Bill）、扎克（Zach）和馬克斯·拉赫（Max Lahey）

【出版序】
改變的力量

　　若能向神許一種能力，你會希望自己擁有什麼樣的力量？是媲美海克力士的神力，還是能翱翔天際的飛行力？若問孩子，也許會想要每次都能考一百分的聰明力，若是企業家，應該有九成都希望得到讓企業持續獲利的能力。我常常在想，到底要得到什麼樣的力量，才能讓人或組織可以無往不利呢？

　　反觀自然界，曾經在地球稱霸一時的恐龍，雖擁有龐大的身軀、無窮的力量，仍不敵氣候的劇烈變化，消失在地球上。曾為世界手機製造霸主的摩托羅拉（Motorola），在面對 Apple 為首引發的智慧型手機風潮下，因為無法快速迎戰市場的新轉變，黯然淡出手機市場，讓人不勝唏噓。

　　回首我們身處的世界，近三百年間變化之巨大，令人咋舌。從十八世紀由蒸汽機發明帶動的工業革命開始，工業技術的進步，改變了我們的生活方式，帶動商業的蓬勃發展；到近百年電腦的發明、通訊科技的普及化，徹底打破了地理的疆界，讓企業的全球化競爭更為劇烈。無論是個人、企業或組織，無法完全置身於世界的變化之外，一時的優勢或成功，亦無法永恆長存，就如同白堊紀時代的恐龍，倚仗龐大身軀造就的生存優勢，亦無法讓牠得以繼續存活於世。

　　縱使我們無法真的從神那裡得到任何厲害的超能力，但我們卻可以善用方法來造就自己或組織面對環境變化，能輕巧而快速回應的變革力。中衛

三十年前有幸在政府的支持下，開始辦理「全國團結圈活動競賽」，一路走來陪伴許多企業團體、醫療院所等機構透過改善活動的運作，將變革的DNA深植於企業的競爭體質。看似小規模的自主改善活動，若僅以改善的有形效益視之，或許與創新帶來的營收無法分庭抗禮。但因改善活動的持續推動，得以提升企業從下到上在面對變化的問題解決能力，這才是改善活動的終極目標。

　　未來的變化，無人能精準預測。改變，才是推動世界往前邁進的重要力量，對於個人、組織與企業更是，雖然變革的重要性不言而喻，但執行難度頗高，哈佛大學組織心理學家匯集三十年研究撰寫的著作，讓我們得以窺見個人與組織不是不想改變，也不是意志力過於薄弱，而是被「變革免疫」這樣的心理保護機制給侷限了，唯有破解內在的「變革抗拒」，才能擁有迎戰未來的力量。

財團法人中衛發展中心董事長　謝明達

審校序

　　一條看不見的線，一道無形的門，一腳界內、一腳界外，女孩「定格」在兩個世界的交會點。身後有「他」，不惜對抗全世界地愛著她，做她的屋頂，遮風避雨，做她的暖爐，驅散寒氣闇黑，做她的伴侶，感受滄海百態，一個熟悉自在、安心平凡、井然有序、卻令人稱羨的世界；前方是「它」，小說電影中的海市蜃樓，如幻似真，步步驚奇卻可能處處危機，陌生的風景、冷峻的臉，深藏的契機、無限的可能，一個難測高深、充滿魅惑，傲然自恃、卻引人入勝的世界。跟進一步踏入夢想，退後一步留在現世。沒有好壞對錯，只有選擇——選擇「量」的累積，或「質」的斷裂。如果有一雙超越的天眼在看著，或許莞爾：向前向後終究殊途同歸：如果是戲劇，或可破梗：穿梭時空就能任意分合。但這不是戲劇，而是真實人生——一腳踩在油門、一腳踩在剎車，只會「卡」住自己。時間是這世上唯一不能停駐、永遠朝向一個方向的存在，女孩終究必須「動作」：哭著、忍著不回頭，惶恐警覺向前行，是「相信自己」，還是相信「自己可以變得更好之前，先摧毀自己」？前者是每個人退回舒適圈、留在原處的藉口；後者需要縱身躍下斷崖的絕決，a leep of faith 不保證到達「彼岸」，有可能粉身碎骨，但也有可能到達那存在於「此岸」與「彼岸」之前的「另一個空間」，a space between spaces。自我的陷落或許能開啟另一個天地，另一種救贖，既非旅程的終點，也非幻滅的開始，而是另一種「看」與「被看」的方式，另一種心理模

式和心智狀態，另一次超越不完美，朝向完美的靠近……。

　　你的生命中一定也有過「抉擇」和「駐足」，有過「想做」與「做不到」，不必苛責自己，不是你沒有毅力、缺乏勇氣；也不是時不我與、小人作祟。但你確實需要轉目向內、深凝自我、由我開始。這本書的作者們在「序言」與「引言」中已將撰寫本書的緣起脈絡鋪陳得很詳實，將本書意欲處理的挑戰問題建構得很明確，當然也將本書所提供的方案平台鋪陳得很誘人，只剩一句話須說：

　　"You can't dig a new hole by digging an old one deeper."

　　（Edward de Bono）

　　這本書就是教你「挖新的洞」(dig new holes)，交給你囉！

臺灣大學工商管理學系暨商學研究所特聘教授

於台大管理學院

CONTENTS ─────────────

CONTENTS ──────────────────────────

Part III 破解變革抗拒──釋放個人潛能啟動變革開關的方法

【序章】

「改變」真的這麼難嗎？

撰寫這本書的無形之中已占據了我們整個職業生涯。此書出版前，審查人的評語是：你將會在本書找到一個已通過徹底試驗、足以使職場上的個人及團體產生明顯改變的全新方法。

本書的觀念和實務，已經有效運用在歐洲的一家國營鐵路公司、一家國際財務金融服務公司、美國最受敬重的科技公司之一，以及全美兒童福利機構的產業領導者、主管及其在美國幾個學區的校長，還有世界領先國際策略諮詢公司的資深合夥人，與美國成長最快的工會。

但這也是一條曲折的道路，而且坦白說，我們原先並未刻意在以下問題上打轉：如何消除人們真正「想做的」與實際「能做的」之間的差距。雖然我們因為解決了這個問題，而深獲世人好評。但二十五年前，我們雖然知道自己當時正在嘗試一個值得探索一輩子的議題，但我們從沒想過要跟美國、歐洲、亞洲和非洲各組織部門的領導者和團隊一起合作。

我們的研究始於心理學，研究方向則是成人的心態和心智複雜度的發展。其中一位成員凱根負責發展新理論，拉赫則負責研究方法和評估程序的發展，來測試和精緻化這個理論。一直到1980年代，我們終於揭露了對全球研究者與實踐家來說非常迷人的發現。

這個發現就是：青春期之後心智成長的可能性。長久以來，「心智就像身體一樣，在青春期之後就不會再成長」的信念廣為流傳，甚至連當時的

科學家也這麼認為。但我們卻發現有些成年研究對象能夠發展出一整套日漸複雜靈活、用以理解這個世界的心智型態。

成人雖然很少達到最進階的成長模式，但我們多年來仔細觀察與重新評估相同的人，明確發現人們的心智在成長時，會依循相同的歷程。每個新的心智高原都會逐漸克服前一個心智高原的侷限。進一步的研究更顯示：每一個質的大躍進不僅強化了人類「看見」的能力（進入自己和自己的世界），也使「行動」變得更有效率。

但也有許多人在青春期之後，並未發展出全新的心智系統，即使有進步也不多。由於我們一直是「心」的教育家，所以很想了解一個人要怎麼幫助自己擴增個人心智及其複雜度。這樣的進展只是命運的隨機變化，完全無法控制嗎？還是，人們其實可以藉由他人的幫助而獲得成長？這個想法讓我們在 1990 年代更接近我們想做的研究，也引領我們獲得了第二項發現。

我們一直從外在研究心智的發展，試圖描述每種建構「意義」（meaning-making）的結構，理解心智如何創造了現實，心智發展時，在結構上產生什麼樣的變化。如今我們已能洞悉心智內在的動態，也就是「主導動機」，並發現了一種我們稱之為「變革免疫」（Immunity to Change）的現象，在此之前，它是一種被隱藏的動態，主動阻止我們做出改變，因為它想保持一個人原有的意義建構方式。

首先要為讀者介紹變革抗拒的概念，我們在 2001 年出版的《說法可以改變作法》（How the Way We Talk Can Change the Way We Work）一書中，提供了一個看似簡單的過程，經過多年的淬鍊，揭露了阻止一個人改變的潛在動機和信念，雖然他們知道自己應該要改變（改變目標可以是「我要在溝通上變得更勇敢」或「減重」）。

這本書給了我們極大的成就感，一如我們透過這個歷程親自指導人們

（現在一年有幾千人）所帶來的滿足感。他們不斷地說：「我從來沒想到會發生這種事！」，以及「我在三小時裡得到的比三年的心理治療還多！」。其實他們熱烈討論的是他們現在擁有（而且是快速地擁有）的一種新洞察力，同時也知道，在洞察力和採取行動的能力之間，仍存在著一個巨大的鴻溝。

雖然我們已經開發了相當強大且實用的工具，但要達到讀者以及我們自己的目標，還有一段很長的路要走。

在《說法可以改變作法》（How the Way We Talk）一書出版後不久，我們跟一個由首席知識主管 ❶ 和人力資源主管組成的團體碰面，他們來自全球 500 大企業和大型國際非營利組織。隸屬這個聯盟，會預先審查有潛力但仍處於發展階段的新觀點和實務，並給予「發明者」最真誠的評估。當時我們並沒有向他們介紹我們的發現，只是請他們花幾個小時，在我們的指導下自己嘗試這個歷程。

結束之後，他們都有了相同的結論，其中一位首席知識主管總結得最好：「我有一個好消息和一個壞消息。好消息是：我在能力建構和績效改善的領域有二十年經驗了，而你們剛才示範的是我見過最強大的一項學習技術。這就像在螺旋槳飛機的時代構想了噴射引擎，而你們也展示了新飛機確實能起飛離開地面。壞消息是：現在你們已經能讓它在空中運行了，但卻完全不知道飛機的用途是什麼──飛往何方或如何降落。」

他說得很對。對有些《說法可以改變作法》的讀者而言，他們一旦升空，就能駕駛自己的飛機抵達想到的目的地。但對大多數人而言，就算理解得再透徹，仍不足以帶來持續性的改變。我們還有很多的工作要做，以及第三個門檻要跨越，而我們前一本書和這本書之間，又隔了七、八年。

最後我們發現，要幫助人們達成具體的改進目標、促成改變，就要幫助他們發展一個新的意義建構系統，並超越現有系統的侷限性。引用我們同事

羅納德‧海菲茲區分「技術性」和「適應性」挑戰的說法，我們可以說：要改善某些個人目標，尤其是那些明知必需達成卻始終無法達成的目標，就要先讓自己變得更強大，也就是說，我們必需先調適自己，才可能完成目標。

因此，如果我們能夠建立一個成功的「學習平台」，將「診斷」變革抗拒轉移到「克服」變革抗拒，或許就能同時達成以上兩個目標了。我們的診斷歷程能化無形為有形，而研究顯示這正是增加心智複雜度的驅動力。進入和移轉心態的能力，應該是戰勝適應型挑戰的關鍵資產。相反的，個人克服適應型挑戰的急迫性，就像特洛伊木馬，是一種極富吸引力的標的，一旦投入，可能會打開或轉化整個心智領域。

「變革抗拒」呈現了我們過去用直覺追求的成果。你覺得我們的學習平台可以幫你達成特定的改進目標嗎？（例如，「變成更勇敢的溝通者」、「成為一位好的授權主管」）。如果這個問題的答案是肯定的，那它當然是一個有價值的平台。

其實我們一開始還有個更大的抱負，想要回應一個額外的問題，即：「我們的『學習平台』也能促進心智複雜度的進步嗎？這樣的改變將帶來全新的能力，而不只是達成單一的改善目標。」果真如此，那麼，為了讓自己進步而投資一個適應型方案，得到的報酬會很多，其價值要比達成單一目標多出好幾倍。

你可以檢視本書的案例和客戶的看法，來評估我們的學習平台有多強大。每個人甚至是成年人都可以在重點領域產生顯著的改變，哪怕之前有再

---

❶（Chief Knowledge Officer，CKO）此名詞出現於 20 世紀 90 年代早期，又稱首席知識官或知識總監。指企業內部專門負責知識管理的行政官員。

多的失敗經驗；即使「成年人」也能持續發展更複雜的心智系統，如同從兒童期轉換到青春期，讓自己變得更敏銳、更負責，並在面對現實時，少以自我為中心。

如果你對我們之前的書不熟悉也沒關係，我們並沒有期待每個人都要看過我們寫的書，那些書也不是有效利用本書的先決條件。如果你曾經試著在生活中做出改變，或幫助其他人做出改變，那麼這本書正是寫給你看的。尤其如果你剛好擔任領導、管理、監督、諮詢、諮商、訓練、教練或教學的角色，或個人的改善、團隊的績效是你最重要的任務，那這本書更是專門為你而寫的。

若你熟悉我們的作品，歡迎再讀我們這本新作！如果你讀過《說法可以改變作法》一書，而且想問：「之前你已經揭露了變革抗拒，幫助我看見我的問題，現在你有發現任何能幫助我解決問題的方法了嗎？」那麼這本書也是為你而寫。

如果你對成人心智發展有興趣，如果你在思索青春期後心智複雜度跳躍性成長的可能性，如果你讀過凱根早先的作品《超越大腦的自我演化》（The Evolving Self or In Over Our Heads），懷疑我們是否學到了任何能支持這個說法的新理論，那你也很適合閱讀本書。

最後，如果你始終知道變革抗拒乃是基於我們探討心態和意義建構系統演化的學理和研究，而且很想知道我們何時會將變革抗拒用到學習型組織的建立或戰勝適應型挑戰上，那麼本書當然也是專屬於你的。

撰寫本書期間，我們同時也在進行別的工作，我們有幸與勇敢慷慨的領導人及其團隊長期共事，他們來自企業、政府和教育單位。他們願意嘗試一種完全不同可改進工作的方式，有個別也有集體的方式，而且是一種有時會感到不舒服和抗拒的方式。

　　我們合作過的組織相當不同，但他們的領導人，不論是 CEO、單位主管或團隊領導者，在遇到我們之前一直認為，要員工完全劃清工作和私人生活領域的界線，是不可能的；而二十一世紀的領導人必需找到更有效的方法結合組織和領導團隊的情感生活。

　　我們想對這些人表達激賞與欽佩，你將在本書看到他們的故事。他們不只是我們的客戶更是我們的思想合夥人，讓我們更了解該在本書傳達什麼訊息。

　　多年以來，另一個支持我們學習的源頭是：自從出版了《說法可以改變作法》之後，我們便成為哈佛大學教育學院變革領導團體（Change Leadership Group, CLG）的成員。這個團體最早是在比爾和梅琳達‧蓋茨基金會（Bill and Melinda Gates Foundation）的支持下成立的，成立的目的是：為教育行政主管發展一套更有效的「改變領導者」課程、為美國的公立學區帶來顯著的系統性改革。

　　許多改革之所以失敗，是因為改革者不太了解組織動態或心理動態，或對兩者都不了解，因此變革領導團體成立了一個跨領域的團隊，在示範區域工作，深入了解領導人需要什麼，以磨亮他們內在和外在的透視鏡。

　　我們加入這個團隊是為了帶領心理層面的工作，我們已經將變革抗拒的心態和實務整合成為一門課程，收錄在我們集體創作的《變革領導力：改善學校管理應用指南》（Change Leadership: A Practical Guide to Improving Our Schools）一書中。

　　但過去幾年，我們和變革領導團體同事以及學區領導夥伴的合作經驗，學到不少。由於長期和組織領導團隊一起研究變革，我們被迫採用組織的觀點，因為他們凡事都用「組織」的角度在思考，我們也因此會用一種較為辨證的方式，來設想社會中心取向及心理中心取向之間的關係。

過去我們比較常觀察組織、團隊或社會脈絡在哪方面支持或未有效支持個人的發展，現在我們也會問：「個人的發展如何促進團隊的績效，或幫助組織實現目標？」

　　我們要感謝我們的諮詢顧問，以及本書引用的專案中和我們一起工作的夥伴：蒂莫西・海凡斯（Timothy Havens）博士、馬克・沙爾卡迪（Mark Sarkady）、彼得・多諾萬（Peter Donovan）和他的管理人員。羅伯特・古德曼（Robert Goodman）博士是我們在第7章提及與製藥團隊工作的夥伴。

　　還要感謝我們的摯友和思想夥伴，他們以不同的方式對這本書有所貢獻：卡倫・阿卡（Karen Aka），瑪麗亞・阿里亞斯（Maria Arias），伊麗莎白・阿姆斯壯（Elizabeth Armstrong）、麥克・貝德（Michael Bader），馬爾萬・比茲里（Marwan Bizri）、康妮・鮑（Connie Bowe）、蘇德・阿萊西（Sue D'Alessio）、赫爾曼・德・波特（Herman De Bode）、彼得・多諾萬（Peter Donovan）、康妮・法內爾（Conning Fannell）、皮埃爾・戈德吉安（Pierre Gurdjian）、榮恩・哈爾彭（Ron Halpern）、提姆・赫凡斯（Tim Havens）、榮恩・海菲茲（Ron Heifetz）、黛博拉・赫辛（Deborah Helsing）、安妮・霍威爾（Annie Howell）、沈遵言（Tsun-yan Hsen）、裘德・卡尼爾（Jude Garnier）、羅伯特・古德曼（Robert Goodman）、貝利・格林貝格（Barry Gruenberg）、珍妮佛・朱萊爾（Jennifer Juhler）、麥克・榮格（Michael Jung）、尼爾・亞寧（Neil Janin）、雅特・金城（Art Kaneshiro）、杰・考夫曼（Jay Kaufman）、理查德・李蒙斯（Richard Lemons）、馬蒂・林斯基（Marty Linsky）、卡蒂・李文斯頓（Kati Livingston）、艾蜜莉・蘇維恩・米漢（Emily Souvaine Meehan）、比特・梅耶爾（Beat Meyer）、佛蘭克・莫雷蒂（Frank Moretti）、派翠西亞・馬雷爾（Patricia Murrell）、唐納德・諾瓦克（Donald Novak）、米奇・歐伯邁爾（Micky Obermayer）、艾瑞克・瑞特（Eric Rait）、威爾漢姆・拉爾

（Wilhelm Rall）、芭芭拉‧拉帕波特（Barbara Rapaport）、馬克‧薩爾卡地（Mark Sarkady）、哈利‧斯彭斯（Harry Spence）、瑪麗‧艾倫‧斯蒂爾－皮爾斯（Mary Ellen Steele-Pierce）、威拉‧湯瑪斯（Willa Thomas）、東尼‧華格納（Tony Wagner）、詹姆斯‧沃爾什（James Walsh）、蘿拉‧沃特金斯（Laura Watkins），以及泰麗‧韋蘭德（Terri Weiland）。

更要感謝我們的編輯們，傑夫‧肯（Jeff Keh）幾年前提出了寫書的想法，而在寫書之前，柯琳‧卡夫坦（Colleen Kaftan）幫助我們重新塑造了全書架構，並修整字句，因為你們兩個人的努力，讓這本書變得更好了。

我們在之前的書中，曾感謝過我們的直系親屬們，他們一直是鼓舞我們、給我歡樂與支持的生命泉源。而現在我們想簡短地說些關於我們父母的話。我們碰巧都生長於「家族企業」，一起工作了二十多年，我們幾乎不太重視這一塊共同的生命經驗，但它卻是真實存在的。我們兩個家庭都擁有小型企業，而且我們的雙親四人都曾參與企業的經營。

如今我們的雙親雖然都相當以我們為榮，但他們也不得不承認，他們還是很懷疑書本、理論，以及「管理科學」是否真的對他們的工作有任何實值的幫助。

我們之中的一位父親曾經告訴我們：「我認真地讀了很多你們的書，這些書讓我想起了一個關於漁夫和比賽裁判的故事。」

故事是這樣的：有位比賽裁判受邀和一位漁夫去釣魚，漁夫帶裁判坐上船，然後把船划到湖中央。當裁判開始晃動他的魚竿時，卻驚恐地看見漁夫從釣具箱翻出了炸藥，把炸藥點燃後扔到湖裡。巨大的爆炸激起了四濺的水花，魚兒被迫翻滾到湖面上，而且完整無缺，正等著被檢起。

裁判按捺不住地說：「天哪！你在做什麼？！我可是個裁判，這是違法的！太危險了！這是……。」就在裁判結結巴巴自言自語之時，漁夫從釣

19

具箱翻出另一支炸藥，點燃之後，把它交到裁判手中。

「天啊，你在幹什麼？！」裁判一邊說，一邊將引信正在燃燒的炸藥拿得遠遠的，「我不相信這個，你要我做什麼啊？！」

裁判一直大喊大叫，而引信還繼續燃燒著。最後，漁夫看著他說：「你到底是說說而已，還是真的要釣魚？！」

根據那位父親的說法，所有關於管理和領導的說法都像裁判一樣「只是說說而已」，但漁夫卻是在經營他的事業。他似乎是在說：「真正的釣魚可不像諾曼·洛克威爾（Norman Rockwell）❷ 的畫。而這些書就像比賽裁判，如果你生活在一個理想的世界，那麼書上的理論對企業經營獨特的價值觀和想法很好，也很有道理。但真正經營一家企業不太像書中的世界，真實的世界是非常非常混亂的。」

本書的一位編審給了我們最喜歡的回應：「我們已盡可能遠離心理學實驗室了，作者知道真實世界是怎麼運作的。」我們當然不是要否定父母的懷疑，但我們的工作早已帶領我們進入組織生活中最混亂、最真實的一面。

我們並不是想寫本書來取悅辛苦工作的父母，但有趣的是，我們其實做的正是此事。本書中的案例和故事不是諾曼·洛克威爾版的工作和領導，而是找到讓水底之物浮出水面的方法，我們希望會是比炸藥更有效的技術。

羅伯特·凱根／麗莎·萊斯可·拉赫

❷ 美國 20 世紀早期的畫家及插畫家（1894 年～ 1978 年），作品橫跨商業宣傳與美國文化。曾為知名小說《湯姆歷險記》在內的 40 本書畫過插圖，並定期為美國童軍的年曆提供插畫。1977 年獲美國公民的最高榮譽的「總統自由獎章」。

【引言】
歡迎參加我們的變革抗拒之旅！

領導者不需要別人來告訴他「改進」和「改變」是首要的課題，也不需要一本關於「改變有多困難」的書，無論他想改變的是自己還是別人。所有人都知道改變很難，卻不夠了解為什麼改變會這麼難，也不知道想要改變的我們能做些什麼。

人們最喜歡的解釋大概有：因為缺乏非變不可的迫切、因為激勵不足，因為不確定自己真正想要的做法是什麼……。難道這些真的是所有人無法改變的主要障礙嗎？雖然在某些情況下或許是，卻無法解釋為什麼我們現在需要的改變會如此困難。

不久前，有醫學研究顯示，即使心臟科醫生告訴病況嚴重的心臟病患者，如果他們不改變個人的生活習慣（包括飲食、運動、吸煙），他們真的會死，依然只有 1 ／ 7 的人能真正做到改變。剩下 6 ／ 7 的人肯定也想活命、想多看看日落、想看著自己的孫子長大。他們不是缺乏急迫性，改變的動機也夠強，醫生也明確的告知該做什麼改變。儘管如此，他們還是做不到。

如果生死攸關的問題還不能讓他們做出深切希望的改變，那麼當賭注和收益無法與生命危險相比時，領導者又怎能期待組織會支持變革的歷程？不管領導者和下屬有多相信改變的價值。

無庸置疑的是，我們該對阻止或幫助我們改變的方法有更多了解呢？

相較心臟病患者，領導者和部屬要面對的改變挑戰，多不是意志力的

21

問題，而是無法縮短「熱切想要的改變」和「真正能做到的改變」之間的差距。因此，跨越兩者間的鴻溝，成了 21 世紀的核心問題。

創造本書脈絡的三個問題

強化理解對改變的需要，以及對阻礙改變的因素，是奠定本書基礎的第一個大哉問。如果你像那些跟我們合作多年、一起開發這些想法和作法的領導人一樣，對有多少人真的可以改變感到懷疑，那你就已經進入了第二個大哉問。

由於職場上的挑戰和機會逐漸增加，不分行業有不少企業組織每年投資了數十億的美元和驚人的時間，試圖改善員工的能力。無止盡的舉辦各式專業發展方案、個人改善計畫、領導力訓練、績效評估以及主管教練，若非領導人對個人改變的前景，有著根深蒂固的樂觀，否則還有其它原因會讓他們做出這樣的投資嗎？

然而，如果我們真的獲得了領導者的信任和友誼，我們可能會聽到以下回應：「讓我們面對現實吧，人能改變的真的不多。我指的是，到頭來艾爾還是艾爾。人到了三十或三十五歲就不會再變了。你希望一個人多少可以做點調整，但說真的，你也只能盡量善用他的優點、避免他的弱點而已。何苦把自己搞得精疲力盡、也把那個可憐的傢伙逼到絕境呢？反正他又改變不了。」

有趣的是，在組織公開、樂觀地對人力發展做出巨大投資時，卻悲觀地認為人是不可能真正做出改變的。

那我們就誠實地來面對這個悲觀吧！我們在很多場合、國家、不同的行業裡，都聽過類似的故事：

我們公司很慎重看待年終評估。年終評估不像呆伯特（Dilbert）❶ 卡通，員工進入會議室後翻著白眼，等待激勵士氣的演講快快結束。而是仔細聆聽他們得到的回饋。

公司投入許多的時間和金錢蒐集資料和準備報告，審核資料的人也投入大量的心力與腦力。員工有時甚至會在年終評估會上掉淚。他們做出了最真誠的誓言和最謹慎的方案規劃，以改進自己需要改變的事。

每個人離開會議室時，都感覺剛剛的談話既有強度也很真誠，這段時間花得很有價值。但一年後再回來看著前一年的承諾，就會發現一切幾乎跟一年前沒什麼不同。有些地方真的不對勁。

當然不對勁，這就是為什麼我們要寫這本書了。事實上，我們相信個人和組織文化確實能改變。

本書所謂的「改變」，不是指些微的調整，也不是自我評價時的自我欺騙。改變的成果如何，則由改革者的同事及家人來評估。當這些客戶、同事或家庭成員回應我們的調查時，是這麼說的：

「無論你對尼可拉斯做了什麼，你能不能也同樣幫一下他的搭檔？」（來自某位客戶）

「我們團隊感覺到馬汀起了很大的變化；現在和他共事成了一件樂事；團隊的表現也變得更好了。我從來沒想到會有這一天。」（來自某位同事）

---

❶ 史考特‧亞當斯（Scott Adams）諷刺職場現實的的漫畫、書籍系列，道盡了小上班族被老闆欺壓的無奈，以及不時使些小壞，抒發對冷酷組織的反叛。

「多年來我和我的母親，終於有了第一次真心的交談。」（來自家庭成員）

那麼，我們就開始相信重要的事情真的要發生了吧！

像是我們最近一年和千里之外的學區領導人合作的經驗，就是改變成功的證據。我們已和他們共事了好幾年，因為路途遙遠，我們還特別增加了一組當地的變革教練，繼續推動工作。有一次，我們安排了一位有潛力的新人參訪我們的工作現場，她是一位非常有經驗而專業的教育人員，我們請她坐下來觀察，體會一下這些行政主管和我們一起上課的感覺。

大部分時間我們都專注於自己正在做的工作，但每次不經意瞥見我們的訪客，都會在她的臉上發現不安的神色。約莫兩個小時後，她突然起身，無預警地走出房間，滿臉都是震撼、目瞪口呆的表情。後來她再也沒有回來。當時我們其中一位同事猜想：「嗯，我猜她對我們的感覺不太好。」

幾天後，我們一位同事找她確認了狀況。她確實被當時所見震懾住了，她說：「我一輩子都在和學校領導人一起工作，我從來沒聽過這麼誠實、負責任的對話，也從來沒聽過大家談論的事很可能會導致真正的改變。」她當天會提前離開是因為另外有約，其實她很想知道如何才能加入我們的教練團隊。

本書接下來會給領導人一個新世代的點子和作法，讓他們用在組織的學習生活中。自從彼得‧聖吉（Peter Senge）的《第五項修練》（Fifth Discipline）一書率先激發領導者思考何謂學習型組織以來，至今已將近二十年，而自從唐納德‧舍恩（Donald Schön）的《反思實踐者》（The Reflective Practitioner）一書重新燃起了心智活動的重要性後，也超過了二十五年。現在世界各地組織的領導者，都渴望帶領組織學習，並希望組織能反省自己所做的事。

但若要迎接 21 世紀的變革，就必需將職場上個人和群體的學習提升到

另一個層次。否則就算再怎麼學習和反省，你期望的改變，或其他人希望你能做的改變，還是不會發生，因為所有的學習和反省依然只停留在一個人現有的心態中。這也帶出了第三個大哉問。

我們麻省理工學院的同事，聖吉和舍恩，在上個世紀末啟發了許多領導人，將學習的義務列入他們的領導優先事項清單中。這個學習型組織的理論基礎和實務，是一個豐富且不斷進化的概念，但它始終有一個未提及的面向，對像我們這種在教育界工作的人來說，尤其明顯，那就是：對成人發展的了解不夠深入。

在聖吉和舍恩寫書之時，腦科學家仍認為人的心智複雜度在青春期之後沒有質的變化。而當時我們和其他「社會科學家」一樣，正在進行自己的研究，但已開始注意到一個完全不同的畫面。到了現在，自然科學家和社會科學家一致認為，心智發展並不是在青春期就結束了。

組織學習理論缺乏成人發展面向的思考，從來沒有比現在更重要，因為領導人開始要求下屬做他們做不到的事、從來沒準備要做的事、還不適合去做的事。「領導發展」這個領域過度關注「領導」而太少關注「發展」。源源不絕的相關書籍都想找出領導力最重要的因素，幫助領導人獲得這些能力，但我們卻忽略了最有力的能力來源：我們（以及我們的部屬）克服當下意義建構方式的限制與盲點的本領。

如果對「何謂人類的發展、如何被啟發、如何被限制」沒有更多的了解，那麼領導力發展就可能淪為「領導力學習」或「領導力訓練」。這些知識和技能就像可以帶進現有操作系統的新檔案和新程式，它們或許有一定的價值，例如給你更大的範圍和更多的功能，但你使用它們的能力，仍會被你現在的操作系統所限制。真正的發展是轉化這些系統本身，而不是只增加你的知識存款或行為選項。

如果你正擔任領導要職，或正在驅動著某些計畫或議程，抑或是某些計畫或議程正在驅動著你。由於你還沒察覺到這一點，所以還無法對它負責，但很多時候，那些議程會限制或毀掉你獲得非凡成果的能力。如果你不能同樣重視「發展」和「領導」兩者，那你的領導力發展就會永遠用在你的計畫或議程，你改變的能力也註定會受到限制。

本書的說明和案例提供了一條真正的發展路線，藉由擴張心智的「質」，才能顯著地提升人們的工作能力，組織不是一直在找新人，而是要更新現有的人才。

本書的規劃

本書分為三個部分。Part I 提供了一種理解改變的新方式。Part II 說明了我們的方法對個人、團隊、組織的價值。Part III 則邀請你自己去嘗試這些方法。

Part I 從快速的教程開始，我們已經從三十多年的研究中，學到了心智複雜度在成人階段的發展，以及它對工作和生活的意義。第 1 章為全書所有的解釋和實務提供了理論和實證的基礎。第 2 章介紹了一個隱藏的現象，它阻止了我們做出想要的改變，我們稱其為「變革抗拒」。在第 3 章中，你會跟一位來自企業界，另一位來自政府部門的領導人學習，如何與為何要把「變革抗拒」納入他們的組織，以及可獲致的成果。

Part II 組織和個人藉由變革抗拒確認和進行的變革。我們選擇不同行業的人，以及各種典型的改進目標具體解說。第 4 章探討的是：組織評估自己的集體變革抗拒時會發生什麼事；第 5 章和第 6 章追蹤了兩個個人變革抗拒歷程；第 7 章展現我們最有雄心的設計：團隊成員努力克服他們各自的變革抗拒，並共同努力，改善團隊績效。

　　Part III 邀請你直接體驗本書的核心，指導你走過你的個人和集體的變革抗拒旅程。第 8 章指出變革抗拒歷程所需的要素。第 9 章和第 10 章讓你透過循序漸進的程序診斷，克服個人的變革抗拒。第 11 章提供了工具和流程，幫助你帶領你的團隊或組織克服抗拒。而本書結語則討論領導人成功的七大特徵，這七大特徵讓領導人的組織能夠滋養個人和群體能力的成長。

　　如果你已經知道強化個人工作能力有多重要，希望自己相信改變的可能性，並想知道自己能做些什麼來強化能力的話，你一定會想看這本書。我們希望你能在本書中找到答案，實現你想要的結果。

Part I

揭開「再努力也改變不了」的秘密

第1章

對於成人心智複雜度的誤解

你認為在未來幾年，自己的領導力和其他人的有什麼區別呢？關鍵在於能不能發展自己，以及你的員工和團隊的能力了。進入新世紀後，一個人的能力成了相當重要的變數，不論在美國、歐洲、中國和印度都是如此。然而，很多想爭取優秀人才的領導者卻認為「能力」是一種唾手可得的固定資源，這種想法對領導者和其組織來說，其實相當不利。

相反的，如果領導者思考的是：「我要如何使我的環境成為世上最肥沃的土壤，以促進人才的成長？」，自然就能立於不敗之地。同時也要明白，為了傳遞偉大志向、利用新機會或跨越新挑戰，每個人都必需與時俱進、不斷成長。這樣的領導者很清楚如何化腐朽為神奇，也明白什麼是阻礙進步與成長的拌腳石。

很多人都誤以為所謂的「變革與改進」就是：妥善地「應付」或「克服」世上的複雜事物。而要做到「變革與改進」，就必需增加新技能及應變能力。但就算學會了這些技能，也只是多了點新資源，如果其它的元素都沒變，也不見得會因此而成長。因為這些技能的確有其價值，但仍不足以因應變革面臨的挑戰。

事實上，錯綜複雜的經驗不只和這個世界有關，也和人有關，也就是

這個世界的要求，以及個人或組織能力的契合。當你感覺到這個世界「太複雜」時，你不僅是在感受它的複雜性，也在體驗其複雜性和你此刻的不匹配。只有兩個方法能修補這段不匹配的關係：一是降低世界的複雜性，二是提昇自己的複雜性。第一個方法根本是妄想，第二個方法對成人而言似乎是不可能。

　　我們（本書作者）花了一個世代的時間在研究成人的心智複雜度。這個研究得出的知識或許能幫助你更了解自己、了解和你一起工作或為你工作的人。要獲得這些體認，得從認識人類能力的新領域開始，而成功的領導者也會將自己的領導力發展聚焦於此。

🔓 年齡和心智複雜度發展的新發現

　　本書將從「一個對於人類生命週期發展的普遍誤解」開始談起。人類生命一開始時，其心智發展與體能發展相近，約莫在二十多歲就停止了。如果是在三十年前，以「年齡」為橫軸，「心智複雜度」為縱軸，請專家繪製的相關圖，可能會如圖 1-1：

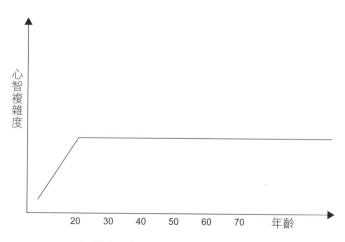

圖 1-1　年齡與心智複雜度關係圖：三十年前的觀點

專家們本來對這條斜向右上方，直到二十歲便趨於平緩的曲線相當有信心。

但我們在 1980 年代開始發表的研究結果顯示：成人（儘管不是全部）心智複雜度的改變跟先前的階段差不多，從幼兒期到兒童後期，以及從兒童後期到青春期，皆是如此。這個時候，坐在我們旁邊研究腦科學的同事們，可能會用冷笑來回應。

他們會說：「你也許認為可以從長期追蹤訪談中推論此點，但自然科學不需要推論，我們研究的是真實的事物。抱歉！在青春期後期，大腦根本沒有能力上的顯著改變。」當然，這些「自然科學家」同意老年人通常比年輕人更聰明能幹，但那是因為老年人的人生經驗比較豐富，也就是說，是「學習」讓既有的心智運作得更好，而非人自身的成長或心智的升級。

然而三十年後，「成人的心智複雜度不會停止成長」已成，包括那些自認在觀察「事物本身」的腦科學家。現在自然科學家有了更精良的研究儀器，他們對大腦的理解已經不像三十年前那樣了。如今大腦所展現的神經可塑性和驚人能力，足夠讓人類一輩子適應各種環境了。

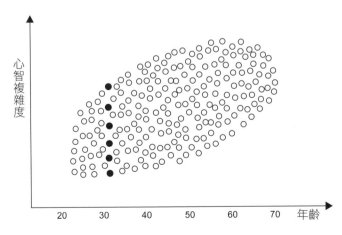

圖 1-2　**年齡和心智複雜度關係圖：最新觀點**

根據我們過去三十年來的長期研究，圖 1-2 就是最新的年齡和心智複雜度關係圖了。這是我們分析了上百人的書面記錄、訪談，並在幾年後再訪談所得到的結果。

圖 1-2 彰顯了兩個重要的特徵：

1. 樣本數如果夠大，就可以看出輕度向上傾斜的曲線。換言之，把所有樣本看成一個整體的話，心智複雜度會隨著年齡而增長，一直到成人階段，且至少持續到老年階段；所以，一個人心智複雜度的變化，當然不會在二十多歲就結束。

2. 任何年齡階段都有極大的變異。例如，六個三十多歲人（見圖中黑點）的心智複雜度都不相同，有些人可能比四十多歲的人更複雜。

若快速地描繪一個成年人心智發展軌跡，看起來可能像圖 1-3：

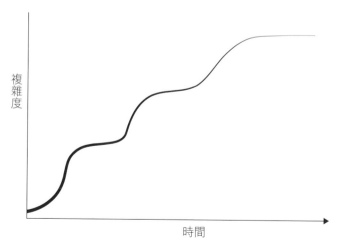

圖 1-3　**成人心智複雜度發展軌跡**

此圖顯示了幾個不同的重點：

1. 心智發展有質的不同，區別階段很明顯；也就是說，心智複雜度在不同階段間沒有一定的界線。每個階段我們都以全然不同的方式在認識這個世界。

2. 心智發展有穩定週期，也有變化時期。當心智複雜度達到一個新的階段後，會在該階段停留一段時間，而每個意識系統也會發展得更精緻，延伸得更寬廣。

3. 每次轉換到新階段，停留該階段的時間也會愈來愈長。

4. 圖中的曲線愈來愈細，表示停留在更高階段的人愈來愈少。

然而，成年以後，這些不同階段的心智複雜度實際樣貌為何呢？心智複雜度與其演變不是所謂的「聰明」，跟智商更是無關，也不會因為複雜度高，對這個世界的理解就變得抽象，非得到懂得物理學複雜公式的程度不可。

🔓 成人心智複雜度發展的三個階段

成人心智複雜度的三個階段指的是：社會化意識（socialized mind）、自主意識（self-authoring mind）、自我轉化意識（self-transforming mind）。之後的章節會有更多這三個時期的補充說明。現在先快速地了解成人在這三個心智複雜度階段本質上的差異，如圖 1-4 和 1-5 所示。

因為擁有社會化意識、自主意識、自我轉化意識這三個成年人的重要系統，人類得以理解這個世界，並在其中以不同的方式運作，透過工作這樣的組織生活，彰顯出一個人各種重要的面像。就算再怎麼相似的現象如資訊流，若戴上不同觀點的眼鏡後，將變得完全不同。

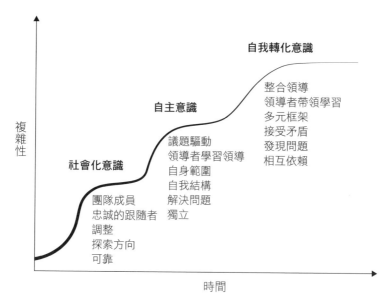

圖 1-4　**成人心智發展的三個階段**

社會化意識
・你我乃由個人環境的限定和期望形塑而成。
・我們的自我意識會與其認可的事物緊密結合，並忠於該事物。
・體現人和人的關係，以及人和「思想流派」（想法和信念）的關係。
自主意識
・我們能從社會環境中後退，退到足以建立內在的判斷或個人權威，以對外部期待做出評估或決定。
・自我的和諧源自於自己信仰體系／意識形態／個人推測的整合；也是自我指導、採取立場、設定界限、發展自身意見並規範其界線的能力。
自我轉化意識
・我們可以從個人意識型態或個人權威範圍裡退到足夠的程度，並在此範圍內做反省；體認任何意識系統或自我組織都是局部、不完整的。能友善對待矛盾或對立；力求掌握多樣意識系統，而不是只抓住單一意識系統。
・自我的和諧源自於內部的完整性或整體性的能力，並透過辯證來整合，而非尋求某個極端。

圖 1-5　**成人心智發展三階段的描述**

任何意識系統的運作都需要訊息在組織中流動，包括人們傳遞的內容、傳遞的對象，以及如何接受或注意這些資訊。組織文化、組織行為或組織變革的專家，經常詳細地描述意識系統如何影響人類的行為，卻輕忽了個人心智複雜度對組織文化、變革計畫的影響。

1. 社會化意識

　　社會化意識對工作中傳遞和接收的資訊流有非常明顯的影響。譬如，你知道同事們想聽的是什麼，那麼經過一番深思熟慮後，你原本想傳遞的內容也會有所改變。經典的「團體迷思」（group-think）研究顯示：團隊成員之所以會在集體決策過程中隱瞞重要資訊，是因為深諳「雖然我很清楚這個計畫成功的機會十分渺茫，但我知道領導者需要我們的支持」之道。

　　有些團體迷思的研究是在亞洲文化下進行的，在亞洲文化裡，團隊成員為了保住「領導者的面子」會隱瞞訊息，即使公司正走向敗亡；這些研究看似揭露了一種特別的文化現象，其實不然。

　　美國社會心理學家史丹利・米爾格拉姆（Stanley Milgram）❶ 著名的「服從權威」（obedience-to-authority）研究原本是在測試「善良德國人」的心性，看德國文化是否能讓善良又寬容的人去執行消滅上百萬猶太人和波蘭人的命令。但米爾格拉姆在蒐集資料時，卻驚訝地發現「善良的德國人」遍及美國。

　　原本以為「對羞辱的敏感度」是亞洲文化獨有的特徵，但美國心理學家艾爾芬・詹尼斯（Irving Janis）❷ 和保羅・哈特（Paul t' Hart）的研究卻明確指出，以上提到的團體迷思現象在美國德州、加拿大多倫多，和在東京、台灣都是一樣的。這些現象的根源無法歸結於文化，而是和人的心智複雜度有關。

社會化意識也強烈影響著訊息的接受和處理方式。當他人及環境整合對一個人的自我和諧很重要時，他的社會化心智就會受到影響，其敏感度也相對提高。這往往讓領導者既驚訝又沮喪，他們不懂下屬怎麼會對「溝通」做出這樣的解讀！因為訊息接收者的「從資訊到噪音偵測器」已經被極度扭曲，因此，真正通過偵測器的訊息與發送者的意圖相關度就變低了。

2. 自主意識

假設你以自主意識觀看世界，那麼你所「傳遞」的內容就比較可能會產生作用，這些內容是你認為別人需要聽到的，有助於你推動日常工作或任務。你就會有意或不自覺地設定了一個方向、計畫、立場、戰略和需要分析的內容，你的溝通也就從這個既定的脈絡開始了。

你的方向或規畫可能極好，也可能充滿盲點；你可能擅於、也可能拙於勸別人在這方面支持你。這些問題固然跟你其它的能力有關，但心智複雜度強烈影響了你的資訊傳遞是要掌控自主意識，還是跟隨社會化意識。

人在「接收資訊」時也有類似的心態運作。自主意識建立了一個訊息的過濾器，這個過濾器會以自己想要的訊息為優先，其次才是和個人計畫、立場或規範相關的訊息。因此，你沒要求的資訊、和你個人無關的資訊，在通過你的過濾器時，就會特別耗時。所以專注力很重要，可以減少自己對某人無止境的注意力和要求，使自己得以聚焦、分辨輕重緩急、充分利用時

---

❶ 曾於 1960 年在耶魯大學進行著名的米爾格拉姆實驗，測試人們對權威的服從性。

❷ 於 1970 年代首度提出「團體迷思」一詞。「團體迷思」為一種心理學現象，係指團體在決策過程中，成員傾向讓自己的觀點與團體一致，致使整個團體缺乏不同的思考角度，而無法客觀分析。

間，因此，自主意識可說是社會化意識進步的方式。

但自主意識有利亦有弊，如果一個人的計畫或立場在某方面有缺陷、或自主意識讓過濾器遺漏了某些重要因素，或哪一天這個世界改變了，那麼曾經理想的框架也就跟著過時了。

3. 自我轉化意識

自我轉化意識也有一個過濾器，卻不會完全被過濾器主宰。自我轉化意識能後退，並旁觀過濾器的運作，而不只是單純讓訊息通過而已。自我轉化意識會有此功能，是因為它重視後退和旁觀的價值，對任何立場、分析或議程都很謹慎。畢竟再強而有力的設計都難免會有遺漏。自我轉化意識生活一直都在持續運行，今天有意義、合理的事物，到了明天可能就變調了。

因此，有自我轉化意識的人在與人溝通時，會為了推動、修正或擴展自己的規畫和設計而營造空間。就像有自主意識的人傳遞的訊息可能包含了探詢和要求，但有自我轉化意識的人不只是在自己的設計框架中探詢（尋找資訊以推動自己的行動計畫），也在探詢設計本身的資訊。他們會尋找可以領導他們、提升改進團隊、改變最初設計或使其更多元的資訊。資訊傳遞不僅代表駕馭，它也在改造地圖或重新設定方向。

自我轉化意識接收的是自主意識已過濾的資訊，卻不受制於自主意識。透過自我轉化意識，人們依能聚焦、選擇，並在自覺理想的狀況下掌控一切。但人們最重視的還是資訊，所以才能改變當前設計、或突破框架的限制。

具有自我轉化意識的人很重視自己過濾訊息的能力，如同小麥能從米糠分離出來，他們也可以篩選出訊息中的「黃金米糠」。那種意料之外、看似異常的資訊，可能正是一種反轉設計，能將意識提升到另一個層級。

具有自我轉化意識的人比較常思考需要過濾的資訊，因為別人把這類資訊傳給他們的機會比較大。為什麼呢？因為具有自我轉化意識的人對資訊很有警覺性；也了解自己的行為位於「上游」，會影響多數人的決定。別人不必揣測是否要傳遞任務以外的訊息給他們，因為具有自我轉化意識的人自會讓人知道他很歡迎這類訊息。

🔓 心智複雜度與工作績效好壞大有關係

心智複雜度自有其價值主張。每個心智複雜度的階段都高於之前的等級，因為它會新增前一階段的心智能力以外的功能。透過對建構和處理資訊流的討論，可看出這些心智特質會如何影響組織行為和工作能力，而較高階心智複雜度的表現永遠優於較低階的心智複雜度。

這只是一種假設，還是確實已被證明的真理呢？現在已經有「心智複雜度與工作能力或工作績效的關係」方面的研究了。之後的章節會深入討論研究結果，現在我們先看看這些研究發現了什麼。

基斯・艾格爾（Keith Eigel）評估了二十一位任職於大型、成功公司的 CEO 其心智複雜度。他們所屬的公司都是產業的龍頭，營收都超過五十億美金。艾格爾使用了我們公司研發的九十分鐘面試工具：主客體訪談（Subject-Object Interview），用以描述「如何評估心智複雜度的層次」，這項工具二十多年來有效應用於世界各地，可說是跨越了文化的藩籬、部門的差異。它區別了組與組之間以及組內的發展活動，其評估具有極高的可信度。艾格爾只研究了績效評估這部分，也用以下能力評估了 CEO 的效能：

- 挑戰既有工序

- 激發共同的願景

- 衝突管理

- 解決問題

- 委派

- 授權

- 建立關係

　　此外，為了做出比較，艾格爾也在每家公司內部做了類似的評估，他訪問了由 CEO 任命，最被看好的中階主管，圖 1-6 總結了他的研究發現：

　　這幾個研究都有明顯的發現。第一個發現是圖形有明顯向上傾斜的趨勢，表示在某些評估上，心理複雜度和工作能力的提升有關。所以，人不僅有可能達到心智複雜度的最高層次，且這樣的成長和 CEO 與中階主管的效

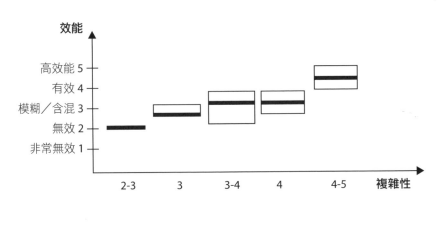

圖 1-6　個人心智能力和企業效能：艾格爾的研究結果

能高低有關。而在探討少數領導者特定能力的研究上，也有同樣的發現。

綜觀來說，這些研究結果再次說明了複雜度的問題：我們逐漸看清不同階段的心智複雜度如何使「這個複雜的世界」更難或更好管理了。

🔓 如何評估心智複雜度？

「主客體訪談」這項評估工具是一個九十分鐘的訪談，如此命名是因為心智複雜度是一種想法和感覺的作用，它區別了「我們擁有」的想法和感覺（即我們能觀看，能將想法和感覺視為客體），以及想法和感覺「擁有我們」（我們被想法和感覺所驅使，人成了想法和感覺的客體）。不同程度的心態複雜度描繪的主／客體界限也不同。複雜度愈高表示能看到得愈多（更能把自己視為客體），盲點（主體）也會愈來愈小。

許多研究都證明了這個評估工具十分敏銳，具有很高的評估可信度，能完全辨別五個位於任何兩種心態之間的過渡位置。

訪談一開始會給受訪對象十張索引卡，上面寫了以下幾個提示：

- 憤怒

- 焦慮、緊張

- 成功

- 強硬的立場、信念

- 悲傷

- 撕裂

- 感動的、感人的

- 失去、告別

● 改變

● 重要的

在第一個十五分鐘裡，受訪者要回答以下問題，並在每張小卡片上做紀錄：「回想過去幾天或幾週，你真正生氣或感到憤怒（或緊張、恐懼、焦慮等）的時候，並記下自己當時想到了什麼」。之後，訪談進入系統性的探索：受訪者告訴我們內容（是什麼事讓他感到憤怒、成功等），然後我們再根據對方的回答，深入探究其背後的原因（為什麼這件事會令他感到氣憤或成功；其中涉及的利害關係為何）。

之所以選擇這些提示，是因為早期研究顯示它們能成功引發人們建構現實的邊界和輪廓。訓練有素的面試官則能透過這些素材的探究，了解和掌握人們看得到、看不到什麼東西背後的基本原則。

面談遵照一致的程序進行整理和分析。我們已經對全球各地不同年紀和行業別的人進行數以千計的訪談。多數人都認為這個訪談是一次很能讓人投入的體驗。

🔓 成功領導者的心智複雜度發展

在這個更快、更平，聯結更緊密的世界中，我們可以從更全面的觀點來了解人們對領導者和追隨者的要求。請再回頭看圖 1-4 成人心智發展的三階段。（見第 35 頁）

現在思考一下你過去和現在對下屬的要求。在這個我們習以為常的世界裡，如果每個人都是好隊員，都懂得提昇自己的重要性、對自己的公司或組織忠誠，認真看待老闆的指令和暗示，多半就已足夠了。換句話說，過去要處理上司對下屬的要求，單單社會化意識就夠用了。

　　但是到了現在還足夠嗎？納撒尼爾‧布蘭登（Nathaniel Branden）❸ 是這麼敘述的：

　　過去二、三十年來，美國和全球經濟有著驚人發展。美國已從工業化社會走向資訊化社會，企業員工的主要活動也從體力勞動過渡到心智工作。這個急遽變化的全球經濟時代，促進了科技快速突破和史無前例的競爭力水準。這些發展創造了比上一代水準更高的教育和訓練需求，每個熟悉商業文化的人都知道這一點，卻不明白這些發展其實也對心理資源有了新的要求。

　　這些發展要求大量的創新、自我管理、個人責任和自我學習等能力。不只對高階主管，對企業全體成員都有同樣的要求，包含第一線主管和基層員工……。現在的組織不僅需要員工具備史無前例的高水準知識和技能，還要有高度的獨立、自立更生、自我信任，以及採取行動的能力。

　　對於未來職場工作者的能力內涵，布蘭登真正想傳達的是：它涉及了心智複雜度。他說，過去企業員工只要處於社會化意識階段便已足夠；但到了現在員工必需立足於自主意識之上。實際上，我們也正在呼籲企業員工要以更高階的心智複雜度，去了解自己和所屬的世界。

　　如果先不管員工，只看主管和領導者的話呢？二十世紀的管理理論大師克里斯‧阿吉瑞斯（Chris Argyris）提出：傳統管理和領導效能理論的缺陷愈來愈明顯，但這些理論至今仍主導管理思維。

　　過去的領導者只要做到「發展有價值的目標與合理的範圍，建立一致

❸ 美國心理學家，國際自尊協會執行理事長，於洛杉磯布蘭登自尊學院設有心理治療門診，並為各行業人士開設講座，有十多部著作問世。

的目標和工作，以便在特定的領域中維持公司的競爭優勢」就夠了。即使出現反對者，領導者也能以堅強的性格鞏固個人的地位。雖然經理人早已熟練這些技能，但到了今天這些早已不敷使用。

面對急遽變化的環境，領導者不僅要能經營公司，同時也要重建整個組織，包括組織的規範、任務和文化。例如，一家公司要從低成本、標準化產品的組織，轉型為大規模客製化或全方位解決方案的提供者，就必需培養一套全新的個人和團隊能力。

組織理論學者阿吉瑞斯和唐納德・舍恩（Donald Schon）在三十年前就曾描述過類似的組織轉變：

隨之要求團隊成員在行銷、管理和銷售上採取新的方法；他們必需習慣更短的產品生命週期和更快速的變化週期；他們其實是在改變工作的樣貌。而這些改變通常會和公司某些規範有所衝突，因為公司的事務管理必需具有可預測性……。在組織既有的規範下，為提高效能而進行的變革，最終會與公司的規範產生衝突。

一個世代以來，阿吉瑞斯以及受其影響的人們，都不知不覺在呼籲新的心智能力。這項新的心智能力不僅要有發起組織營運新觀點的能力，還要能堅持此一觀點，並跨出自己的意識型態或經驗框架，觀察框架的限制或缺陷，然後重新發展出更完整的看法。而這個看法要經得起試探，其本身的限制也可以被觀察。換句話說，阿吉瑞斯尋找的正是能迎戰未來的領導者，一個以自我轉化意識建構意義的人。

因此，我們呼籲曾以社會化意識表現成功的員工（好的士兵），要轉為以自主意識發展自我。也希望更多曾以自主意識成功領導的領導者（他們當然是好的隊長）能發展個人的自我轉化意識。我們期許全球個人心智複雜度能從量變轉為質變。

　　那麼，理想中的心智和實際表現的差距究竟有多大？跟我們的期待遙不可及嗎？倘若這個世界已經比過去半個世紀更為複雜，那它或許早就成了更優異的心智複雜度孵化器，而心智複雜度的供應也會隨著需求而提升。

　　根據以上的討論，現在已有兩個詳細可靠、且被廣泛運用的心智複雜度評估工具。（這和智力測驗完全不同，智力測驗和心智複雜度間最多只有中度相關；你可以在智力測驗中有高於平均的表現，例如智商 125，但你的心智複雜度可能落於三個其中的一個高原）。

　　以下是「華盛頓大學造句測驗」和之前提過的「主客體訪談」。使用任一種工具進行研究的資料，都已完成了統合分析，每個研究都有數百人參與。圖 1-7 扼要地呈現了研究結果：

　　從數據中可得出兩個觀察，如圖 1-7：

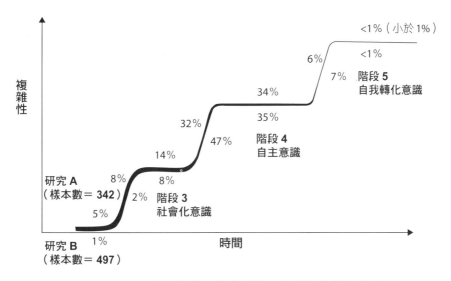

圖 1-7　**兩個大規模研究的成人心智複雜度的分布結果**

1. 兩項研究以完全不同的樣本進行，卻有相同的研究發現。多數受訪者的心智複雜度還不到自主意識階段（精確來說，每項研究有 58% 的人不在這個階段）。由於這兩項研究的樣本都偏重在中產階級、受過大學教育的專業人才，因此在總人口中的實際比例可能更高。

2. 超越自主意識階段的人比例相當小。

這些數據顯示我們對人們意識的期待（包含我們自己的意識）與其實際表現有很大的差距。我們期待員工能有自主意識，但大多數人並非如此。我們也期待領導者的心智複雜度比自主意識還高，卻很少有領導者如此。

回頭看一下艾格爾的研究圖 1-6（見第 40 頁），你會發現其研究結果也有相同的趨勢。請注意，只有大約一半的中階管理者具有自主意識（有些人表現得比較好，有些則否），而這二十一位 CEO 當中，只有四個人是高於自主意識的（有些人表現得比較好，有些則否）。

加速心智複雜度發展有方法

我們的同事兼好友羅納德・海菲茨提出了一個重要的區別，有助於總結以上論述的核心論點。他將變革的挑戰區分為兩種：一種是「技術性」的，而另一種則為「適應性」的。

技術性挑戰不見得容易，其結果也並非不重要或毫無意義。例如學習如何割除盲腸、如何讓卡住前輪的飛機著陸等重大的技術，對於正在手術臺上的病人或緊張的飛機乘客們來說，執行者的表現當然很重要。

從海菲茨的觀點來看，這些都是「技術性挑戰」」，因為我們很清楚執行這些事務所需要的技能，幫助一位實習醫生或菜鳥飛行員成為熟手的程序，早已十分完備。而實習醫生或菜鳥飛行員在多年訓練之後，其心智的質

很可能變得更複雜，但這樣的心智成長實際上已超越了他們技術培訓的範疇。例如，以新手外科醫生成為資深外科醫生來說，沒人會擔心他們的成人發展或心智成長有什麼問題。

然而，面對許多現在和未來的挑戰，需要的早已不只是吸收新技術而已，唯有透過心態的轉化，將自身提升到更圓融的心智發展階段，才可能跨越「適應性挑戰」。

海菲茲說，領導者所犯的最大錯誤就是：用技術工具解決適應性挑戰。換言之，領導者無法達到想要的改變，是因為誤以為自己的期望是技術性挑戰，實際上面臨的卻是適應性挑戰。所以，唯有找到適應型工具（非技術型），方能成功戰勝適應性挑戰。

為了區分適應性和技術性挑戰，重點就要從「問題」拉回到「有問題的人」。「複雜性」其實是一個「世界的複雜要求和結構與人的心智複雜度關係」的故事。仔細觀察這段關係就會發現：人的心智複雜度遠遠落後於這個世界要求的複雜度。

那麼你我可以做些什麼，以發展和加速自己的心智複雜度呢？我們花了二十多年在「實驗室」裡積極探索這個問題，而下一章將帶你走進這個實驗室，並且告訴你我們發現了什麼。

第2章

「變革抗拒地圖」
揭開改變不了的原因

　　合宜地迎接適應性變革而非技術性變革是什麼意思？換句話說，刻意支持心智複雜度的發展所指為何？接下來的許多著眼點將可以解答你的疑問。

　　迎接適應性挑戰首先需要一個針對問題的適應性方案（例如，必需確切看見挑戰如何抵抗心智複雜度的限制）；第二，需要一個適應性解答（例如，我們需要用某種方法適應）。

　　本章的第一個任務就是建立一個適應性方案。限制個人心智成長的挑戰，顯然不只是認知的問題而已，也跟大腦和內心、思考和感覺有關。適應性方案不僅需要新的「覺察工具」，同時也提供了更敏銳的分析解釋，並揭示了適應性方案背後的「情緒生態學」。

　　而本章介紹的正是獲取這個覺察工具的明確方法。要討論如何發展適應性方案，就要先討論適應性解答：如何發展強大的心智複雜度，以改變自己和組織。

　　為了教會你這個方法，首先要帶你進入我們的「實驗室」，向你展示我們的研究發現，一種我們稱之為「變革抗拒」的現象。我們的實驗室不是

大學裡的某個地方，我們也不穿實驗服工作。我們的實驗室在校園之外的世界——美國和國外的企業、政府、教育界中。每一次的合作案中，都有CEO、高階經理、行政長官以及組織負責人等勇敢的領導者，邀請我們和他們的高階團隊一起進行好幾個月的探索學習之旅。

我們會定格在這個畫面，反覆讓你察看它的不同面向。你會看見一個變革問題之前隱藏的動態。要看見每個人特定的動態，必需透過一張心智地圖的描繪，這張地圖就像一張 X 光片，一個人之前看不到的內在想法，都能在圖上看到，我們稱之為「變革抗拒地圖」（immunity map）。

變革抗拒地圖展現的不只是事件當下的狀態，還有它們為何如此運作，以及為了造成顯著的新效果，實際需要改變的是什麼。而幫助你看到這個現象最好的方式，就是展示幾張變革抗拒地圖給你看。

彼得的變革抗拒地圖

彼得・多諾萬是一位我們合作過的 CEO 夥伴。他是新英格蘭一家市值數十億美元的金融服務公司的 CEO。當時的他五十多歲，已經從一個小職員爬到了公司最高職位。他是一位很有魅力、充滿活力又有趣的人；他用好奇心、對人的興趣以及對工作的熱愛，將公司經營得很成功。由於彼得是公司的最高領導人，公司文化也不免帶有他的個人色彩。

彼得雖然在很多方面具有相當天賦，但他也和所有人一樣有其侷限。他是第一個說「這些侷限愈來愈明顯了」的人，因為他決定收購美國兩地的兩個競爭對手，大肆擴大了公司的規模，過沒多久我們就開始跟他合作了。

收購公司茲事體大，不但要結合不同公司的文化，還要承接新的高階主管，而這些高階主管也必需設定並重新定義不同的角色，而彼得也必需好好思考自己經營企業的方式。現在他最重要的任務是發展出一個更加授權的

領導模式，改變事必躬親的習慣，成為更好的授權者，讓更多人的想法進入公司的領導階層。

彼得透過自己的覺察，並慎重採納身邊人士的建議，確認了一套個人改善目標，嚴格督促自己一定要完成這些目標。他認為這點非常重要，要成功帶領公司走到下一個階段，就必需進行這些改變。他希望自己：

● 更容易接受新的想法。

● 反應更加有彈性，尤其是對角色與責任的界定。

● 對授權和支持新的權力路徑的態度要更開明。

要建立這些目標的抗拒地圖，彼得要先列出一張坦率誠實的清單，寫下自己做了或沒做哪些悖離上述目標的事。他最初列出的清單如下：

● 我經常用「疏離」、「打斷」或「否決」的語氣，草率回應新觀點。

● 我不問開放式問題，也不夠真誠地尋求他人意見。

● 我太常跟他人溝通被我要求回報的訊息。

1. 改進目標	2. 做了什麼／沒做什麼 （違背目標的行為）
・更容易接受新的想法。 ・個人的反應要更有彈性，尤其是關於新角色和職責的界定。 ・對授權和支持新的權力路徑的態度要更開明。	・我經常用「疏離」、「打斷」或「否決」的語氣，草率回應新觀點。 ・我不問開放式問題，也不夠真誠地尋求他人意見。 ・我太常跟他人溝通被我要求回報的訊息。 ・我太急於提出自己的意見，但往往不是別人想要的。

圖 2-1 **彼得的變革抗拒地圖**

● 我太急於提出自己的意見，但往往不是別人想要的。

想校正前表第二欄的行為以解決問題，是一種完全可以理解、司空見慣的方式，也是試圖用技術性手段解決問題的理想例子。如果彼得第一欄的目標是他的適應性而非技術性挑戰，那麼想藉由校正第二欄行為以達成目標，就是在用技術性工具解決適應性挑戰。

再進一步發展這張變革抗拒地圖，我們不會把第二欄的阻礙行為當成必需消失的事物，而是把它們當成寶貴的資源、有價值的資訊，以發展一個更令人滿意的未來景象。或是把第二欄的內容當成某些事件的徵兆，而非「事件本身」。因此，現階段我們不會剷除這些行為，而是要讓這些行為引導我們看到真正的挑戰。

心理學家威廉‧佩里（William Perry）曾說，如果你想要改變某些人，那就先要了解：「他們真正想要的是什麼？（第一欄），以及他們要怎麼做，才不會得到自己真正想要的？」（第二欄）」。而變革抗拒地圖則提供了第三個提問：「為什麼他們會堅持第二欄的行為，讓自己得不到想要的？」想知道為什麼，就必需注意第三欄「潛藏的對立想法」。

變革抗拒地圖可以讓潛藏的對立想法浮現出來。就是這些對立想法困住了彼得（即便彼得有點察覺或完全沒察覺），並一直與彼得的第一欄目標對抗。

究竟是哪些潛藏的對立想法打敗了彼得呢？他列舉了以下幾點：

● 要用我的方式完成事情！

● 我要有直接的影響力。

● 我要感受所有權（我們如何做事）的驕傲；也就是說，凡事都要烙下我的印記。

● 我要保有自己是個超級問題解決者的感覺，永遠懂得最多、最具掌控力。

最後一個想法感覺最有影響力。

如圖 2-2 所示，第三欄可說是一個完整運作的系統。

1. 目標	2. 做了什麼／沒做什麼（違背目標的行為）	3. 潛藏的對立想法
・更易於接受新的想法。 ・個人的反應要更有彈性，尤其是關於新角色和職責的界定。 ・對授權和支持新的權力路徑的態度要更開明。	・我經常用「疏離」、「打斷」或「否決」的語氣，草率回應新觀點。 ・我不問開放式問題，也不夠真誠地尋求他人意見。 ・我太常跟他人溝通被我要求回報的訊息。 ・我太急於提出自己的意見，但往往不是別人想要的。	・堅持用我的方式完成事情！ ・我要有直接的影響力。 ・我要感受所有權（我們如何做事）的驕傲；也就是說，凡事都要烙下我的印記。 ・我要保有自己是個超級問題解決者的感覺，永遠懂得最多、最具掌控力。

圖 2-2　彼得的變革抗拒地圖：第一欄到第三欄的潛藏動態

圖 2-2 的箭頭表示這張圖不只是一個三個不同欄位的組合，而是一個單獨的、動態的系統；一個處於平衡狀態的系統；一個對抗力量的系統，我們稱之為「抗拒系統」，因為它讓人得以窺見所謂的「變革抗拒」，也是人們為何難以改變的原因中，一個非常關鍵卻又被忽略的部分。

我們刻意用「免疫抗拒」（immunity，簡稱為「抗拒」）這個醫學名詞來比喻。首先，這個現象本身並不是件壞事。相反的，免疫系統大多數時候是一股美麗而聰明的力量，以優雅的動作來保護我們，拯救我們的生命。變

革抗拒更是一種資產和個人的優勢，如同彼得的某位高階主管第一次看到彼得的變革抗拒地圖時，就稱讚說：「你的變革抗拒地圖中顯示的固執和無情，和我們公司的成功以及我的房子大小大有關係呀！」

🔓 當免疫系統變成阻礙變革的問題

然而，在某些情況下，免疫系統也會威脅到我們的健康。當它拒絕可以讓身體自癒或成長的新物質時，就會使我們陷入危險。其實免疫系統還是想保護我們，只是它犯了一個錯：它不知道應該修改原有的程式，雖然是在努力保護我們，實際上卻讓我們陷入嚴重的危機。

彼得的變革抗拒說明了為什麼在他的情況裡，技術性方案還是不夠力。因應他當前限制的技術性方法，與剷除第二欄阻礙行為的方案或策略有關。他不問太多開放性的問題嗎？他要別人凡事回報嗎？我們當然有這些問題的解決之道。

彼得是一位意志堅強、相當自律的人，記得我們第一次和他一起工作時，彼得決定減重十磅（約四‧五公斤）。於是他減少食量、少吃甜點，果然在兩個月內瘦了十磅。之後四年多來，他一直保持相同的體重。

為什麼他不能用同樣的方式處理自己的挑戰呢？例如他可以監控自己問問題的方式，追蹤自己重新提問問題的頻率，以引起更多不確定的反應；和直屬員工開會時，在詢問員工的行動計畫前，絕不結束會議，然後檢視員工在不需要回報時，覺得需要回報的次數是否會下降，那不就結了？如果一個人能夠不用任何花俏的方式來減重，難道不能用同樣的方法處理以上的問題嗎？

如果你能透過某些訣竅、規畫、意志力而做出改變，讓特定行為消失並增強其他行為（例如忍受節食），那麼就去做吧。我們不會提供這種快速

簡單的技術性解決方法，如果這種方法有用的話。

但在現實中，我們的客戶幾乎都試過簡單地改變他們的第二欄行為，結果發現這根本就行不通。他們在嘗試用技術性手段來解決問題或迎接挑戰。這是個找出該問題或挑戰是否為技術性問題或技術性挑戰的好方法，因為光是用看的不會知道答案。

對彼得來說，減重十磅顯然不是適應性挑戰。節食本身是一個技術性手段，當然可以解決彼得的技術性問題：減重。但在減重這方面，彼得是很罕見的例子，因為對大多數人來說，減重並不是技術性挑戰，研究顯示：節食者在節食之後，會復胖到原來體重的 107%；事實上減重是一個適應性挑戰，根本無法用技術性手段「節食」來解決減重問題。

彼得已經嘗試改變自己說話的語氣，並放開了對直屬員工的掌控。但後來彼得也承認：他當時是暫時地做到了，但沒過多久，又故態復萌，而且嚴重程度還增加了 7%，所以這些行為才是他的適應性挑戰。

而變革抗拒地圖精確地指出了為什麼：彼此的第二欄行為並非道德不足所引起的。第二欄行為其實都很傑出、有效，完全達到了另一個「他」想要的目的：讓每個人都跟他回報，以證明他知道得最多（或許現在他的意圖更強烈了，因為後來有很多新人加入，有些人以前也是那個「知道得最多」人）。

但是別搞錯了：彼得也真誠堅定地努力要成為更好的授權者。變革抗拒地圖並不是要揭示言不由衷的承諾，以揭發某人的真實面目。我們探索變革抗拒現象已經將近二十年，假如我們只是為了證明人有多麼心口不一，那我們的工作就不會那麼有趣和重要了。

一個人之所以無法改變，是因為沒有誠意。心臟病患者也會真心實意地表示想活下去，即使他伸手拿了另一根煙。改變無法成功就是因為：我們

既想改變，又不肯拿出誠意。因為我們生活在矛盾的世界。彼得說：「我的『變革抗拒地圖』就是一張我一腳踩在油門、一腳踩在煞車上的圖片！」他想要做出改變，但也想要「保住性命」，而隱藏在「他想成為懂得最多的人」想法底下的，是一個深度運作的假設：如果彼此不能掌控一切，他的「生命」就會處於危險之中。

世界各地的組織為了人才的成長，在人才評估上花費了數十億美元和大量的時間。而很多人勇敢地傾聽別人的回饋，以得知他們需要改變的是什麼。他們以最高的誠意承諾進行變革，一開始時，為了這個承諾投入了大量的情緒能量，但一年過後再回頭看，卻發現一切並沒太大的改變。

很多時候，這些真心想改變自己的宣誓，會成為工作版的「新年新計畫」。大多數的新年新計畫都很真誠，結果卻很慘淡，原因實在令人費解。不過，彼得的變革抗拒地圖倒是顯示了新年新計畫效果持續不久的原因。

當我們擬定新年新計畫時，會篩選我們想改掉的不良行為、計劃要擴增的良好行為。但如果我們始終不知道潛藏的對立想法一直在搞破壞，就沒辦法真正找到問題。愛因斯坦說過：問題的形成跟問題的解答一樣重要。彼得的變革抗拒地圖幫他找出問題出在「變革抗拒」，一個可以解救他的性命、卻阻礙他完成目標的問題。

🔓 榮恩的變革抗拒地圖

讓我們來看看另一張變革抗拒地圖。榮恩·哈爾彭是彼得的董事長兼營運長，自從彼得成立這家公司以來，他們就一起工作了。榮恩是個聰明、溫暖又溫柔的人，他擁有三十多年的金融服務經驗，而他原本接受的專業訓練是成為一名律師。他和彼得不只是好同事，也是多年的好朋友。

身為掌管公司日常運作的負責人，榮恩必需定期做出決策，但他經常

獨斷獨行，做決定時不諮詢其他人意見，讓很多人覺得不愉快。除了在行政團隊中做決定外，其它時候他行事也相當獨斷。後來他請身邊的人坦白告訴他，自己最需要改進什麼，他對自己聽到的回答一點也不意外。他認為自己的第一欄目標是：

- 當一位有說服力且直接的溝通者。

- 在行政團隊中當一個更有效的決策者，尤其該決策不得人心時。

- 停止過度調和。

- 對 CEO 要更有堅持，不再過度在意他的讚許與支持。

就像彼得一樣，榮恩也很坦誠地寫下自己的第二欄：

- 不直接。

- 凡事檢查得太頻繁、過度討論、太常確認有無負面的回應。

- 試圖取悅每一個人，尤其是 CEO。

- 過度在意 CEO 的觀點。

圖 2-3（見第 57 頁）是榮恩完成第三欄後的變革抗拒地圖。

榮恩和彼得各自的適應性挑戰肯定有一個完全不同的環節。但就像彼得的變革抗拒地圖非常均衡一樣，抗拒系統會平衡兩個矛盾想法的對抗，畢竟總是會有人「一腳踩煞車，一腳踩油門」。

有些人把變革抗拒地圖視為一個人內在現狀的照片。但我們不用這個詞，因為它聽起來很寂靜、停滯、缺乏活力。實際上，一腳踩油門一腳踩煞車時，抗拒系統裡會有極大的能量在運轉。但因為這兩股能量的運作方向相反，車子當然無法向前進。

想像一下，如果彼得或榮恩能釋放一些被困在變革抗拒系統裡的能量，

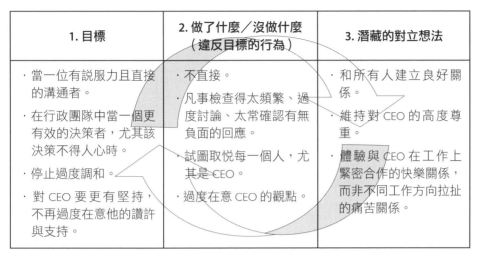

1. 目標	2. 做了什麼／沒做什麼（違反目標的行為）	3. 潛藏的對立想法
・當一位有說服力且直接的溝通者。 ・在行政團隊中當一個更有效的決策者，尤其該決策不得人心時。 ・停止過度調和。 ・對 CEO 要更有堅持，不再過度在意他的讚許與支持。	・不直接。 ・凡事檢查得太頻繁、過度討論、太常確認有無負面的回應。 ・試圖取悅每一個人，尤其是 CEO。 ・過度在意 CEO 的觀點。	・和所有人建立良好關係。 ・維持對 CEO 的高度尊重。 ・體驗與 CEO 在工作上緊密合作的快樂關係，而非不同工作方向拉扯的痛苦關係。

圖 2-3 **榮恩最初的變革抗拒地圖**

那他們能用這股能量做些什麼原來做不到的事？再想像一下，如果身為組織成員的你（或你的同事）能釋放困在你抗拒系統裡的能量（或他們抗拒系統裡的能量），那你又會做些什麼呢？（這也是本書 Part II 的主題。）

　　跟彼得比起來，榮恩的阻礙行為（第二欄）更不能等閒視之了，因為變革抗拒地圖說榮恩做事不夠直接、過度討論、又一直想取悅別人，這些在他的第三欄裡都算是聰明又有效的行為，十分有益於第三欄的內容。

　　請注意，單獨檢視第二欄行為，不見得能預測到第三欄潛藏的對立想法，而且向來如此。後來榮恩發現了自己一個潛藏的對立想法：他必需被喜歡、被尊敬，而且不惜任何代價都要和彼得保持緊密的關係。

　　但這不是只有第三欄才會產生的想法。另一個具有類似的第一欄目標及第二欄阻礙行為的人，其第三欄想法也可能是：避免為不當決策及公司的失敗負責（所以他會讓別人去做重大決策，自己則置身事外）。

　　而另一個有類似的第一欄目標和第二欄阻礙行為的人，其第三欄想法

則可能是：不想嫉妒或怨恨別人、不想太引人注目，或不想當獨行俠、希望能「融入團體」。（這些想法雖然都不在榮恩的第三欄裡，但它們可能都存在。）

每個人都有自己的變革抗拒地圖

第三欄潛藏的對立想法是適應性改變最有力的切入點；因此，雖然很多人都有相同的阻礙行為，但每個人的真正動機可能完全不同，這一點相當重要。

回到減肥話題，我們就能更清楚了解減肥這件事了。（你還在想在這個話題，是希望這對你的腰圍戰役有一點點幫助，對吧？）。對於彼得來說，減重顯然不是一個適應性挑戰，但對大多數人來說，它就是個適應性挑戰。美國人每年集體瘦下幾百萬磅，然後再復胖，甚至變得更胖。經過上述想法的啟發，你覺得減肥會失敗的原因是什麼？

相信很多人都認同圖 2-4 中的第一欄和第二欄。第一欄：為了健康、為了虛榮心，我們是真心想減肥，這樣穿衣服時就不會感覺那麼緊，無論出於何種原因。第二欄：違背目標的行為，許多人不想看到這一欄列出的行為，它們和減重者的飲食方式有關，通常我們都吃得比身體需要的量還多，甚至肚子不餓也會吃東西；吃的食物又有過多的脂肪和碳水化合物等等。

如果要從第二欄的行為來解決這個問題，減重可說是個好例子。節食對大多數減重者起不了作用，因為減重是一種適應性挑戰，只有非技術性的方法才能戰勝這個挑戰。所以第二欄的行為其實是很好、很有用的參考資訊（不只是阻礙而已）。

然而這三位節食者的變革抗拒系統完全不同，從他們的第三欄行為就可以看得出來。

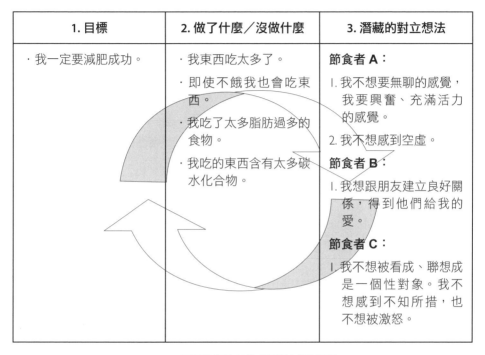

1. 目標	2. 做了什麼／沒做什麼	3. 潛藏的對立想法
· 我一定要減肥成功。	· 我東西吃太多了。 · 即使不餓我也會吃東西。 · 我吃了太多脂肪過多的食物。 · 我吃的東西含有太多碳水化合物。	**節食者 A：** 1. 我不想要無聊的感覺，我要興奮、充滿活力的感覺。 2. 我不想感到空虛。 **節食者 B：** 1. 我想跟朋友建立良好關係，得到他們給我的愛。 **節食者 C：** 1. 我不想被看成、聯想成是一個性對象。我不想感到不知所措，也不想被激怒。

圖 2-4　**不同減重者的變革抗拒地圖**

我們跟不少第一欄目標是減肥的人合作過。（有一個在哥本哈根進行的專案，就是在評估我們的肥胖治療方法的效果。）圖 2-4 的節食者 A 知道暴飲暴食不是解決飢餓的方法，但因為經常覺得空虛和無聊，只好不停地吃東西。

節食者 B 聲稱「我是愛的部落的成員，這個部落熱衷每週一次、不同菜色、不同世代的美食。換句話說，我是一個義大利裔美國人！」他指的是星期天那一頓，接著他繼續解釋：「如果你不是義大利人，你是無法真正了解這一點的。每次我因為想節食，而拒絕我親愛的阿姨們為我煮的義大利麵時，她們就會覺得很受傷。而且還會說些讓我難受的話：『什麼？所以你現在是

比我們好就對了？你不再是我們的一員了嗎？』我愛我的阿姨們，她們給我的不只是食物，還有她們滿滿的愛。再談下去就太痛苦了。所以我有一個第三欄潛藏的對立想法就是：美食讓我有種跟親朋好友關係親密的感覺。」

節食者 C 經常想減掉二十磅（約九公斤）。她會勇敢地開始節食，也真的瘦了二十磅，可是過了不久又復胖了。後來她發現自己有一個第三欄潛藏的對立想法是「維持無性關係」。只要瘦下來，她就會發現開始有男性接近她，讓她感覺自己不再是個「人」而是個「性對象」。有鑑於她個人的經驗，她有充分的理由對此深感不安。

無論這三個人的改進目標和阻礙行為多麼類似，他們減重的原因卻相當不同。對他們三個人而言，減重是個適應性挑戰，卻也是三個不同的適應性挑戰。三人之中，沒有一個可能節食成功。每個人成功減重的途徑都不一樣，因為每個人的變革抗拒系統都是獨一無二的。

在進一步檢視變革抗拒的歷程之前，不妨想像一下你接下來會採取的行動。看看我們實驗室的第一張圖，尤其像是彼得和榮恩的第三欄，你可能會想：

他們上哪兒找到這些願意一層一層揭開自己的人？我都不知道是要佩服這些人的誠實、坦率、缺乏防衛心，還是要為他們願意坦露自己、完全不隱瞞自己的缺點而感到震驚。不過這完全不重要。重點是，我無法想像我同事會揭露這些事情！我甚至無法想像我自己會這麼做。

有趣的是，這麼做確實讓你可以深度觀看一個人的內在。我甚至開始思考我身邊某些人的第三欄可能是什麼，但實際上，我不了解這個可以用來做什麼，因為我不認為會有這麼多人願意這麼深入地坦露自己。

如果只看這些變革抗拒地圖而不理解它們是如何發展的話，我們可能也會有同樣的感覺。後面的章節會告訴你它們是怎麼發生的，但現在我們可

以自信地說：這些變革抗拒地圖的主人，以及跟他們很像的人並不特別。他們和你一樣在相同的部門工作，年紀和年資跟你現在一樣，而且他們比你更不想分享個人的資訊。

　　之所以這麼說是因為和我們一起發展出抗拒地圖的有好幾千人，任何你想得到的人都有，而且跨越不同的專業和領導層級，包括工程師、教育家、CEO、中情局幹員、外科醫生、現任法官、醫生和大學教務長；他們是兒童福利機構的最高管理階層、中學主任、公司的副總裁、銀行家、立法委員、藥廠經理人、律師、國際貿易顧問、圖書館館長、經理人、資深經理、

「聽著，如果你喜歡的話，就當它是『否認』吧，但我覺得我人生所發生的事，都不關我的事。」

圖 2-5

現場經理、客戶經理；還有主修商業、教育、政治和醫學的研究生；或教授、退休人員、軍隊上校、勞工工會領袖和軟體開發人員；他們是來自世界五百大企業和小企業的高階主管；他們住在美國、西歐、東歐、南美、印度、日本、中東、新加坡、上海和南非。雖然他們多半是受過大學教育的中產階級階級，但他們花在心理治療或其他自省活動的時間，肯定不會比你少（他們對自省這回事，可能比前頁圖 2-5 裡的傢伙更沒興趣）。

開始發展自己的變革抗拒地圖時，幾乎沒人意識到自己正在建立一張發人省思的圖像。如果事先告訴他們會變成這樣，有些人可能就直接拒絕參加了，大多數人則可能抱持懷疑的態度參加。所以，不必假設你看過的變革抗拒地圖的主人有任何的不尋常。

抗拒系統中的情感生態

每張變革抗拒地圖至少都描繪了一個人如何系統化地對抗自己真正想要實現的目標。但這種動態平衡妨礙的不只是單一目標的進展，也將個體固定在心智複雜度這個連續光譜上的某個位置。成人心智是個仍在發展中的有機體，而變革抗拒則提供了一個兼具「外在」和「內在」的觀點。

再仔細讀讀我們剛剛說的，讓內在和外在的觀點更有益於自己，每個變革抗拒系統都是一股才智的力量，目的在保護你，甚至保住你的性命。仔細思考這些能更深入了解變革抗拒的自我保護和才智的點子。如此一來，也同時發展了大腦和心的運作。適應性方案會抓住一個人心態上的限制，而心態永遠都會洩漏一個人的情感及思維。變革抗拒究竟如何傳遞一個人的情感與思維呢？又說了些什麼我們對大腦和心前所未知的事呢？

那麼我們就先從心談起吧！我們花了二十年的時間和心力，發展出了一個對人類「勇氣」全新而正確的評價。

　　「勇氣」包含了採取行動、即使害怕仍持續前進的能力。無論是多大步或多間接的腳步，如果不曾感到害怕，這一步就不算走得有勇氣。能踏出一步可能因為我們夠聰明、精力夠充沛、注意力夠集中，卻不代表我們有多勇敢。我們在恐懼時所表現的行動才是勇氣的展示。

　　我們之所會得出「勇氣」的正確新評價，是因為我們發現：大多數人都不斷地在處理恐懼。這個超出我們理解的事實，即使是有能力的成功者也很難相信。

　　你可能正在對自己說：「我不怕」、「我感覺很好」。沒錯，你不需要感到恐懼，因為你正在處理它。雖然你還沒有意識到這一點，但其實你已經建立了一個非常有效的焦慮管理系統，也就是我們所說的變革抗拒系統。

　　「焦慮」是公眾生活中最重要的私人情感，卻最不為人所知。當你檢視彼得和榮恩的變革抗拒地圖時，會看見一個人平時看不到的心態層面。這個潛藏的心態層面存在於人的「感覺」而非「認知」裡，它不是焦慮，卻一直在管理焦慮。變革抗拒地圖是一個人正在處理持續性焦慮、而非急性或偶發性焦慮的圖示，如果你沒能認出這份焦慮，它就會透過你的生命不斷運作。

　　彼得的變革抗拒系統或許能管理那種「害怕失去控制」的持續性焦慮。榮恩的變革抗拒系統管理的或許是一種「讓重要關係處於危險之中」的持續性焦慮。但他們都沒有覺察，也不常面臨這種焦慮，因為變革抗拒系統一直完美地自動管理焦慮。彼得、榮恩、我你都會發展一個強大且自我運作的焦慮管理系統，讓我們在各種情況下都能正常生活。

　　但我們也必需為此付出代價，那就是：這些系統會產生盲點，阻礙新的學習，且持續在生活中某些方面限制我們的行動，使我們無法做出真正需要的改變，達到我們真正想要的全新運作水平。

　　如果沒有變革抗拒地圖的幫助，彼得或榮恩只會努力地改變他們的第

二欄行為,想要減肥的人則會努力節食。但無論他們再怎麼努力,還是會在同樣的心態下維持現狀,不會學到什麼新東西。要保有自己的抗拒系統,又要實現第一欄目標,這對彼得、榮恩或任何人來說,根本就不可能。那麼,我們該如何跨越這個困境呢?

🔓 克服變革抗拒的三個前提

總結我們已知和克服變革抗拒有關的前提,結論如下:

● 克服抗拒不需要剔除所有焦慮管理系統,我們還是需要一些焦慮管理系統。當免疫系統因為拒絕某些人體需要的元素,而讓身體陷入困境時,消滅整個免疫系統絕非解決之道。而彼得、榮恩或任何人要實現第一欄目標,就要轉化自己的抗拒系統,建立一個更大、更複雜的抗拒系統。當然,要轉化抗拒系統相當困難,因為……。

● 不是「改變」導致了焦慮,而是對危險無法防禦的感覺誘發了焦慮。「改變讓人覺得不舒服」是最普遍卻思慮不全的藉口。如果告訴你明天你會中樂透、找到你生命中的愛,或被晉升為合夥人,你一定同意這會為你帶來巨大的改變,而「焦慮」通常不會是大多數人的第一個情緒反應。所以讓人感到不舒服的不是改變本身,即使是非常困難的改變,而是明知道危險就在眼前卻無法防禦,才會讓人產生焦慮。顛覆變革抗拒會讓人曝露在危險之中,所以人才會建立抗拒系統以拯救性命,因此絕不會輕易放棄如此關鍵的保護網。

然而,正如你之後會讀到的:

● 抗拒系統是可以被克服的,過於窄化的焦慮管理系統,可以用一個更廣闊的系統來取代(我們終究會發現其中的限制,進而克服變革抗拒)。

　　當我們克服了變革抗拒，我們就不再是原來的樣子了，因為我們了解到：抗拒系統減輕了我們的焦慮，同時也建立了一個錯誤觀念：很多事我們根本就做不到。但其實我們完全可能做到！彼得為了測試自己的錯誤想法，開始以他學到的方法向其他人讓步，以做好更複雜的公司整合。榮恩則開始在行政團隊中傳達更多有效的回饋，而且在大多數情況下，不但沒有危害人際關係，反而還強化了人際關係。

　　因此，變革抗拒不只解釋了人們為何會覺得改變很困難，也顯示了一個運行中的完整系統。個人變革抗拒地圖就像是國家防禦系統的最高機密般重要，也就是說，要改變一個功能極佳的自我保護方式，會把自己置於危險之中。如果不明白這一點，就別指望能戰勝適應性挑戰。

　　因此，探索變革抗拒的現象能讓我們進入自己更深層的感覺世界，任何問題的適應性方案都必需如此進入這個深層的世界。變革抗拒正如其名所示，是一個自我保護的系統。（「變革抗拒」原文為 immunity，又譯為「免疫」，免疫系統確實為人體的保護系統）

🔓 邁向更寬廣的覺知之路

　　知識的本質（哲學家稱為〈認識論〉）是一種聽起來很抽象的東西，也就是所謂的「主客體關係」。例如年幼兒的知覺是主觀的，所以當某些事物在他們眼中看起來很小（如從高樓樓頂觀看底下的車子和人），他們就認為這些事物真的很小。三～五歲的小孩會看不起地說：「看看這些小矮人！」；八～十歲的兒童能夠運用他們的知覺觀看，他們說的是：「哇！他們看起來好小哦！」

　　當覺知方式在只能看透什麼之前看見了什麼，就會變得複雜。換句話說，當我們建立了一個更大的系統，足以併入和擴展我們原先的系統時，我

們覺知的方式就會變得更複雜。所以，如果要增加心智複雜度，就要將意義
建構的觀點從主體移轉到客體，以改變心態，如此一來，意義建構的覺知方
式就會變成一種為我們所有（且能夠控制或使用）的工具，而非我們為某些
事物所有（並因此控制和利用我們）。

在第 1 章當中，每個我們最先開始探究的心智複雜度層次，都包含了
完全不同的主客體關係，一個愈來愈複雜的覺知方式，能「看見」原先只
能「看透」的事物。圖 2-6 概括了每個成人發展層次中的主客體關係。

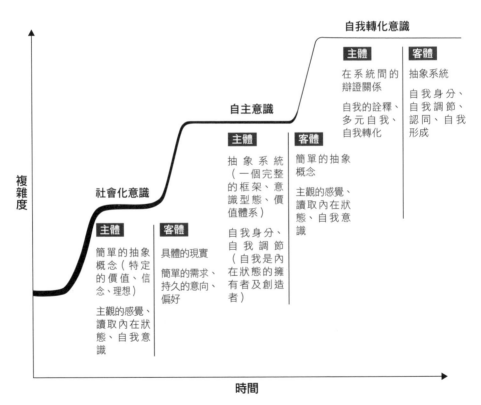

圖 2-6　心智複雜度中愈來愈擴張的主客體關係

　　例如，一個用社會化意識在理解這個世界的人，容易受到他周圍事物（家庭背景、信仰、政治傾向、公司的領導人、為自己的專業和經濟現實設定條件）的價值和期待所影響。一旦他和周遭的環境脫節，或失去信仰時，他的知覺就會出現危機，感覺失去保護或遭人貶抑，自尊也因而低落。

　　接著談到自主意識，人能夠區分自己和別人（甚至是重要的人）的觀點，當然也會考慮其他人的看法，但能夠決定別人能影響自己到什麼程度，以及用什麼方式影響自己。進入這個心智複雜度的人，能將其他人的意見當做一種工具，或當成某些能擁有的東西，而不是讓這些東西來主導自己。換句話說，這種更複雜的覺知方式能讓人視他人的觀點為客體，而非主體。

　　因為有能力將意見、價值觀、信仰、理念（自己的或別人的）歸類到一個更複雜系統，並且結合它們，或區分它們的優先順序，建立我們甚至不知道的價值或信念，所以我們才能創造自己的現實生活，成為自己內在權威的來源，也就是自主意識。

　　這個新的覺知方式不會把危機和風險從心理移除，而是改變警告自己的方式。基本的焦慮不再是被排除或藐視的情緒，而是一種不怎麼要緊的威脅，不致於讓我們無法實現目標、失去控制，或讓人生變得枯躁乏味。

　　一個人若不想永遠受困於自己的推測、系統、模式或意識型態，就要發展一個更複雜的覺知方式，以「看見」而非別無選擇地「看透」自己的模式。如此，這個模式就更像「初稿」而非「定稿」，更像「過程」而非「結論」。

　　這麼做能幫助我們進入一個更大的情緒和心智空間，來看清該模式的限制，進而不必將初步的想法當做定案來捍衛，也不必把所有相反的建議都當做是對自己的攻擊。

　　社會化意識、自主意識以及自我轉化意識的性質都不相同，亦呈現了

三種不同的認識論。每種覺知方式都在何為主體與何為客體間維持了平衡。而覺知方式的成長，也就是「適應」，會打亂這種平衡，讓我們在「看透」之前就能先「看見」。

你可能會說，可是問題依然存在，「我們如何讓問題從主體移轉到客體？是什麼刺激了心智複雜度的發展？我們可以用這樣的理解，刻意培養或加速心智複雜度的發展嗎？」

最佳衝突的重要性

提高心智複雜度不只是認知問題而已。「提高心智複雜度」的說法確實會讓人聯想到「專心思考」什麼的，或許嚴格約束自己的話，以為靠努力來學習及集中精力，就能增長自己的心智複雜度。其實哪有這麼簡單，我們從一開始就認為這是一件很難搞的事，必需利用大腦和心靈，以及思考和感覺。那麼，究竟要怎樣擴展了人的心智複雜度呢？

如果總結七十五年來對這個問題的答案之研究，答案就在諸如瑞士的尚·皮亞傑（Jean Piaget）和巴伯·英海爾德（Barbel Inhelder），或美國的詹姆斯·馬克·鮑德溫（James Mark Baldwin）、海因茨·沃納（Heinz Werner），以及勞倫斯·科爾伯格（Lawrence Kohlberg）等發展心理學家的實驗室裡，那就是「最佳衝突」。

●反覆挫敗的經驗、進退兩難、生活的難題、困惑，或個人的問題是……

●完美地促使我們感受到自己目前覺知方式的侷限……

●在我們所關心的某些生活範圍，以及……

●充分的支持，使我們既不會被衝突征服，也不會逃避或擴散它。

本章已說明了何謂適應性挑戰（別將它誤解為技術性挑戰）。現在你或許已能了解一個人為什麼要發展變革抗拒地圖，並且支持這個人做到變革抗拒地圖要求的改變，這是一個支持心智發展的有力方法，能讓這個人迎接適應性挑戰。因為建立變革抗拒地圖能讓最佳衝突浮現出來。

再看看圖 2-2（見第 52 頁）彼得的變革抗拒抗拒地圖。彼得很想建立變革抗拒地圖的歷程卻辦不到，這點凸顯了他目前覺知方式限制的衝突，困住他的那些矛盾（介於第一欄和第三欄的矛盾）給了他一個注意力的客體。使彼得從「他是」矛盾的（這就是為什麼他無法系統化地達成自己設定的目標），轉換為「他有」的矛盾，讓彼得現在能夠繼續努力。唯有從變革抗拒地圖上看見自己絕不可能達成第一欄目標，彼得才真正、也是第一次把自己放在實現該目標的位置上。

人們第一次看到自己的變革抗拒地圖時，往往充滿了複雜的情緒：「曝光」、「不舒服」、「有趣」和「嚇人」都是常見的反應。就像透過更大的光圈一睹全世界的感覺。

那麼彼得的變革抗拒地圖開始顯露他的哪種複雜度呢？一張單一的變革抗拒地圖，而且是初稿，很難清楚看出一個人的心智複雜度是哪一種。（如果你初步的變革抗拒地圖在這方面不是很明確，不必感到驚訝。畢竟每個人要知道自己心智複雜度的想望都不一樣，全取決於一個人是否只對第一欄目標有興趣，還是有更宏偉的個人成長計畫。）

不過，我們現在可以看清第三欄暗示彼得的問題了。這有讓你聯想到哪個認識論嗎？再比較一下圖 2-3（見第 57 頁）榮恩最初的變革抗拒地圖，你注意到兩者間的反差了嗎？彼得的變革抗拒似乎跟他「根據自己的需要以維持『公司』的定義和運作」大有關係。你可以把「公司」二字換成「自我」，就能更清楚描述自主意識的運作了。或許彼得只能藉由某種確實威脅

了內心和大腦的驚人事件，擴大這個認識論，才能接受他的適應性挑戰。

相反的，榮恩似乎是很有系統性地避開自己期望的改變，因為這會威脅到他的自我，合群的行為才能讓他感到滿足，這是社會化意識的通關密語。彼得和榮恩在許多方面都是有天賦的領袖，對公司的成功都有各自的傑出貢獻，兩人不同的才能也因此相得益彰。他們一起收購了超過公司三倍規模的企業。如果你花上一天時間和彼此或榮恩互動，你也會認為他們都是聰明人。

如果這些有關他們心智複雜度的假定預感都是對的，那麼彼得這個人要比榮恩複雜多了。但這不表示彼得的智商就比較高，或其中哪個人的適應性挑戰就比較困難或簡單。他們在認識這個世界、處理基本的持續性焦慮的方式都有風險，但兩人處理的持續性焦慮截然不同，畢竟每種認識論都自有其恐懼。

🔓 認識變革抗拒的三個面向

你現在應該慢慢發現變革抗拒是一種多面向的現象了吧？如同圖 2-7 所示。

圖 2-7　變革抗拒的三個面向

變革抗拒地圖顯示了一個人如何積極地制止自己想做的重大改變，也顯示了一個人的心智發展的特定位置，同時也是認識這個世界及管理深層焦慮的方式。因此，它剖明了管理持續性焦慮的第二個面向，以及第三個面向，也就是必要的認識論的平衡，讓我們保有對這個世界和自己的覺知方式。

你可以研究比較兩個以上的變革抗拒地圖，測試你對這三個面向的理解。彼得和榮恩的變革抗拒地圖都不是捏造的。他們是真正的客戶，我們很榮幸能提供他們服務。

當你在研究觀看這些剛出爐的範本時，如果突然有某種想法跳出來，那不是我們故意設計它同時顯示三個面向，而是因為你已經開始透過這些面向看到你自己了！

圖 2-8 和圖 2-9（見第 73 頁）是一家國際策略顧問公司兩個合夥人的變革抗拒地圖。圖 2-8 是其中一個資歷較淺的合夥人的變革抗拒地圖。

1. 目標	2. 做了什麼／沒做什麼	3. 潛藏的對立想法	4. 主要假設
・透過熱情，讓我對工作感到更興奮、被鼓舞，並且更相信自己的獨特性。	・我一直在做自己不感興趣的工作（因為我覺得必需要做）。 ・我用比較例行和既定的方式工作（因為我覺得這是大家期望的作法）。	・獲得評估我的人的高度重視。 ・不要有任何名譽、社會、經濟的風險。 ・不要只注意失敗。 ・不想朝未知／未經證實的方向前進。	・我假設成功的最安全途徑是按照符合預期、既定的方式，做出最佳的表現。 ・我假設如果我沒有獲得高度重視，我就是失敗的。

圖 2-8　資淺合夥人的抗拒地圖

看完這張變革抗拒地圖，你可能認為：「比起冒險一搏，這個打安全牌的男人實際上可能會更危險。因為打安全牌最後一定會讓他在公司裡失敗。」但如果你這麼認為的話，那你就是從社會化意識之外在看他。若不能超越社會化意識，他可能無法實現第一欄的目標，這張變革抗拒地圖其實建議了一些有用的方式，以支持他正確的行動。

變革抗拒地圖若要全面發展，還必需包括你之前沒看過的第四欄：維繫整個抗拒系統的「主要假設」。之所以稱為「主要假設」，是因為它一般完全不被視為「假定」。相反的，我們還會無條件地信以為真。主要假設可能是真的，也可能不是，但如果我們天真地以為它是真的，甚至完全沒有質疑，那我們就太輕率了。

如果某人能用行為測試自己的主要假設，他就有機會修改這些假定。這種修改不僅能讓他從目前的變革抗拒系統中釋放，還可能開始建立更複雜的心理結構，進而形成自主意識。

在資淺合夥人的變革抗拒地圖中可以看見：

● 阻止他達成自己所希望的進步（用更多的熱情；相信自己的獨特性）之系統性方法。

● 這種「變革防範系統」可以讓人免於恐懼（例如，不受重要的人的重視）。

● 他的變革抗拒地圖（和焦慮保護）反映了更廣泛的個人認識論或覺知系統，該系統藉由外部提供的價值和期望的調整來凝聚自我。

圖 2-9（見第 73 頁）中是同一家公司的資深合夥人的變革抗拒地圖。

你可以看到正在運作中的三個元素，儘管這三個元素呈現的方式如此不同。此人也有自己的適應性方案。他希望能對周遭同事採取不同的立場。

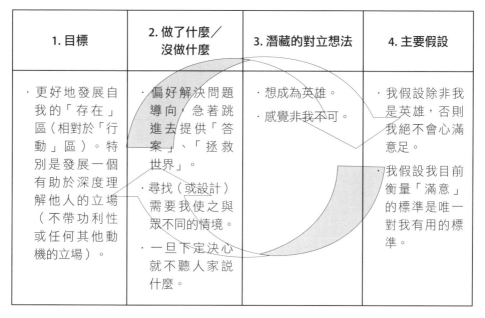

1. 目標	2. 做了什麼／沒做什麼	3. 潛藏的對立想法	4. 主要假設
・更好地發展自我的「存在」區（相對於「行動」區）。特別是發展一個有助於深度理解他人的立場（不帶功利性或任何其他動機的立場）。	・偏好解決問題導向，急著跳進去提供「答案」、「拯救世界」。 ・尋找（或設計）需要我使之與眾不同的情境。 ・一旦下定決心就不聽人家說什麼。	・想成為英雄。 ・感覺非我不可。	・我假設除非我是英雄，否則我絕不會心滿意足。 ・我假設我目前衡量「滿意」的標準是唯一對我有用的標準。

圖 2-9 **資深合夥人的變革抗拒地圖**

他希望與他人互動時，能夠少費一點心思，或能有完全不同於他能掌控的議題。

他的變革抗拒地圖說明了為何技術性修復（例如學習一門有關諮商技巧的課程）無法讓他在實現目標方面有太大進展。而第二欄的行為不能輕易改變，因為它們的存在有一個重要目的。現在他知道自己是如何阻止了想要做到的改變，也知道為什麼會這樣。他的變革防範系統讓他免受另一種焦慮之苦，換句話說，他察覺到自己不再是拯救一切的英雄，而這種看待自我的方式對他來說非常珍貴。

此外，他的變革抗拒地圖可能是比完成第一欄目標更大計畫的基礎，

一般能支持自主意識之外的發展。如果他能改變第四欄的主要假設，哪怕只有一點點，就能同時「做自己」和「成為自己」了。有了這個更複雜的系統（自我轉換意識），他就能解救自己、認同自己了。

現在，你已知曉這個多元複雜的變革抗拒了，接著讓我們來聽聽領導者對於他們如何、為什麼要在自己的團隊中發展這段旅程的看法吧！

第3章

轉化組織面對變革的不安

　　顧客就是我們的老師。還記得第 2 章介紹過的衍生性金融服務公司的執行長彼得・多諾萬嗎？以下就是他在艱困時期如何與高階同僚們度過變革移地訓練的過程。

　　「你們說話我都聽到了，但那不是我真正想聽的。」彼得堅定的語調換來了一堆人尷尬、眼神低垂的靜默，而他們正圍坐在研討會休憩中心內大型起居室的角落裡。

　　他正在跟比爾說話，比爾是他的三個執行副總裁之一。比爾正在說服彼得不要結束分公司。而隔天早上我們便要與執行委員會在新英格蘭討論這個議題。這是一個十八人的團隊，團隊成員有來自最近的波士頓，也有遠從西海岸而來。五年前這家公司和它的執行委員會的規模相當小，但身為公司的創始人，彼得早已決定他的事業必需成長，而且要快速成長。

　　「我們的規模必需愈來愈大」，彼得接著述說如何將抗拒變革的工作帶進高階團隊。「我不可能按部就班一步一步來，我要直接收購別人的公司。幸運的是，我有兩個競爭對手可以併購。一個在華盛頓特區，買下它可以倍增我們的企業規模，再過個幾年，在加州的另一個可以提升我們 50% 的業務量。如此一來，我們在三年半裡，就可以從一個一百人左右的公司躍

升為三百人的公司，商業抵押貸款的業務量也可以從原本的十億美元，提高到三十五億美元。」

「購併帶來的快速成長給了我們真正的挑戰。我們必需整合高階管理團隊，以確保大家都在同一陣線上。我們需要共同的語言，對如何領導公司也要有共識，所以我們要先有一個新的高階管理團隊，一方面是因為購併，一方面也因為公司在成長過程中，必需拔擢一些員工，畢竟他們都有功於公司。再者，因地理位置的關係，公司分成了三個作業區。最重要的則是我們的領導發展工作已經停滯，一直沒有進步。其實早在三年前我們就該開始領導力發展計畫，我發現在『幫助公司成長』這點上，我們真的做得不夠。」

「起初，我關注的是中階主管的發展，但在我與一位高階主管為了『領導定義』爭論了一個小時後，我才意識到，即使位在高階管理階層，還是有很多工作要做。如同柏格說的『我們的敵人就是鏡子中的自己』，在我們改變其它管理階層之前，我們自己就是第一批需要改變的人；我們並沒有進步到我們希望的樣子，我也一直在思考原因。」

在歷經令人緊繃的一天後，移地訓練的僵局出現了。當時規劃小組還在不停檢討、回顧今日之事，打算妥善安排明天之事，起居室裡早該空無一人，但部分執行委員會委員卻沒有在晚餐前放鬆，此時彼得和執行副總裁們顯然還沒達成共識。

為了準備這次的研討會，我們已經花了好幾個星期和這個團隊一起工作。彼得和他最資深的副手們讀了我們在《哈佛管理評論》（Harvard Business Review）雜誌上發表的〈變革為何這麼難？〉的相關文章後，跑來找我們。彼得回憶說：

當時我正在飛往加州的飛機上，那篇文章很快就觸動了我。我把文章

傳給正陪著我出差的總經理，並且說：「你一定要讀讀這個，我們會用到它。」我們立即在心中審視公司裡的關鍵人物，然後心想「對耶，這就是這個人。」

我們把文章擺了一段時間，回到波士頓六個月後，才又拿起它看了一遍，結果還是跟第一次讀到它時同樣興奮。後來我們在高階主管之間傳閱這篇文章，我和鮑勃、麗莎開始製訂一個計畫：如何把文中的重點帶進公司。

一開始，彼得直覺地認為我們有些方法還不夠清晰，後來我們的工作有了進展，清楚證明了：在第一時間達成正確的改進目標是很重要的。彼得說：「不論你的學習方法有多厲害，如果不能證明你的變革有實質效益，那就是在浪費大家的時間和金錢。」

🔓 每個人都有自己的「頭條大事」

彼得和他的內閣希望執行委員會成員都能提出自己抗拒變革的理由，但他們沒辦法強迫每個委員都得這麼做。彼得堅定地說：「我們任何人都沒有權力做決定，而是要先收集身邊所有人的想法。」於是在開會前，每個執行委員會委員都要和他們的主管、同事進行會談，而所談主題都是：「你能想到對我最重要、讓我變得更好的一件事是什麼？」

這個改善領導方式的聚焦方法可說是前所未有。人都習慣獲得愈多資訊，以了解事件的全貌，包括有哪些優點、哪裡還需要改進等等。但這回很不一樣，「頭條大事」一詞很自然就成為了高階主管掛在嘴邊的話，像是：「接下來我要做的頭條大事是什麼？」、「哈洛德現在手上的頭條大事是什麼？」

「了解老闆在想什麼」很重要，懂與不懂老闆的想法，差別很大。尤其跟高額獎金、升官升等、某些情況下被留任、與執行委員會成員的利益有關時，更是如此。不過，了解直屬主管與同事在想什麼也很重要。最後在大家的積極投入下，這些外部資訊的傳播在第一階段就帶來了預期的改進效益。

　　但彼得很快就有了第二個發現。他覺得自己和員工只考慮跟工作有關的人是不夠的。他說：

　　當公司同事發覺並開始做一件頭條大事時，不能只與工作有關。我說：「你必需先用你的另一半來做測試。」然後他們問：「哦，怎麼試？」

　　我只好先做個示範，於是有一天我跟老婆說：「親愛的，我正在做一件頭條大事，你可能會很驚訝，原來我的『控制欲』好像有點強。」當時我們躺在床上，我老婆看著我笑了起來：「你在開玩笑吧？」我說：「不，這是真的。」老婆接著說：「我們已經結婚二十三年了，你現在才發現嗎？你說你的控制欲只是有點強？拜託，你根本就是個控制狂！」好吧，所以我們有進展了，不是嗎？我覺得我做得沒錯。這就是我所謂的「通過配偶測試」。

　　雖然不知道彼得當時到底懂得了多少，但他的堅持不僅讓員工有了三百六十度的回饋，甚至到了七百二十度回饋的地步，包括工作上和私生活裡的關鍵人物，大大提高了員工的注意力，也因此達成了第一階段的目標。員工們都知道，只要他們能在頭條大事上找到有效的改進方法，那麼不管在公司或家裡，都有不少好處。彼得在第一階段提高了賭注，但同時也大大提高了勝算。

　　所以執行委員在參加移地訓練時，都已經有了重要的第一階段改進目標，這就花掉了他們第一天的時間。受訓者無不築起了防衛心，想抵禦變革

帶來的威脅，拚命要縮回熟悉的領域，不思改變，這個階段在改善的目標上被稱之為「零階進展」。這種現象其實很正常，所以我們通常的作法是：在訓練的第一天，讓執行委員們分享自己的想法給全體組員，而不只給單一夥伴。

受訓者被分為幾個小組，以提高小組內的安全感和舒適度。雖然他們是領導國內企業的執行委員會，但某種程度上，仍像是被分割的團體。

以執行副總裁比爾為例，幾年前，他就已經是彼得併購的一家公司的執行長，而且深受員工喜愛和信任。如今他即將退休，而在身為彼得助手的這幾年裡，他從未感到不自在，還幫忙將自己的高階管理團隊整合到執行委員會中。他很有技巧地帶領長期共事的同事進行這一切，使得這些同事在過程中，不僅努力思考自己的改善目標，也會分享彼此不同的發現。

比爾發現這是非常有價值和刺激的一天，他想要好好照顧自己的員工，因為他意識到一件事：面對這既深入又開放的抗拒工作，員工內心是非常脆弱的。比爾說：「雖然我們彼此已經認識很久了，但未來我們會以全新的方式重新認識對方。」其實這種關心的方式讓比爾的下屬們感到不知所措，就連彼得都有點無措，因為剛開始時，彼得覺得這件事一定會造成他和比爾之間的矛盾。

彼得一如往常，滿懷熱情地說：「這是我對明天該如何做結尾的看法，也是我能想到的最好方式，讓我們可以把這次訓練的收穫帶回去，繼續執行，讓我們這個決策團隊最終能有所不同。我們到目前為止所做的是重要的一大步，但也只跟決策團隊的成員分享，我們本來就很熟悉彼此了。明天一早，我們應該帶頭去跟別人分享，讓大家了解我們對抵抗變革的新洞見。」

直接指責他人並不是比爾的風格，遑論是指責彼得了。但所有人依然能讀出他回應中明顯的保留態度。比爾反對地說：「嗯……對於分享這件

事，我不太確定耶。啊！我不曉得其他小組的討論進行得如何，但我知道我的部屬們今天做了很深層的自我探索，我為他們感到驕傲，但這對他們而言是個新領域，他們還有很多要思考的。我的感覺是他們現在正是最脆弱的時候，要求他們明天就開誠布公告訴所有人他們變革抗拒地圖四欄裡寫的內容，不太好吧。」

當彼得看到其他人也都支持比爾時，他感到很不安，於是問道：「那你有什麼建議？」

「我覺得我們可以彼此分享的那一天就快到來了。」比爾說完之後，立刻察覺到彼得的失望，於是接著說：「那一定會是很重要、很美好的一天。只是對於你的目標，我們還沒準備好。我認為大家應該要先記取自己從教練那邊學到的教訓，而且我們已經接受教練和學生這種一對一的關係了，這一點我們做得很好。」

但彼得卻說：「你說的我都知道了，但那不是我真正想要的方式。」他眼中充滿了恐懼，彷彿令人尷尬的衝突就要發生了。

彼得接著說：「我們今天之所以在這裡，是為了帶領整個執行委員會進入嶄新的階段。我已經說得很明白了，我們要鏟除所有障礙，成為最頂尖的團隊。」

這番話只換來了一陣靜默。

「我不只對於這十八個不同的領導發展計畫有興趣！我知道不可能做得到，但我還是想跟整個團隊共事！」比爾說。

另一個同事說：「彼得，我想你可能沒辦法理解。並不是每個人都像你一樣，對很多事都興致勃勃，可以一頭栽入。」

「生於憂患死於安樂，我們需要向前走！」彼得說。

此時大家變得更沉默了。

身為顧問的我們，只好在一旁說些「我們需要前進」之類的話，要是我們知道彼得以前是什麼樣的人就好了。我們當然很期望客戶可以自己搞定這個狀況，但目前看來顯然不可能。

直到後來比爾說：「不好意思，彼得，我並沒有任何的不敬，但我想知道現在什麼事會是你認為的頭條大事。」才終於打破了沉默。比爾提出的問題雖然沒有解除當晚的矛盾，卻成了整個企畫的轉捩點。

🔓 從洞察力到影響力：讓真實的改變發生

另一位高階主管後來告訴我們：「經過那天的事以後，我們真的開始弄起這玩意兒了！突然間，這不再跟我們不相干，而是已經開始並且一定要執行的事了！」

「我原本全心全意地信任比爾跟彼得。彼得想要大家進步，比爾無疑已經進步了，但彼得的話，我是沒辦法再信任他了。我想我們可能會放棄這整個企畫，一個他很堅持卻讓大家如鯁在喉的企畫……因為彼得很容易就會陷在某件事裡，要他停止是一件很難的事。」

後來彼得說：「我一定要做下去，我不會妥協也不會讓步。坦白說，我們要做的事都已經有了基礎，我實在不想退讓，我也許跟以往一樣，又一頭栽進某件事，而且全力以赴，所以才會覺得難以忍受，於是我只好深呼吸。這是一個活生生的例子，我希望在資深經營團隊身上能看到這種全神貫注的行為。」

柏格說過，我們的敵人之一就是我們自己！但是當彼得談到能讓他停止、傾聽、最終做出不同決定的事，儘管他堅信的是截然不同的東西，但在

他跟比爾的談話過程中，比爾的用詞和行為並沒有指責的意味，又或者比爾不想這麼快就結束這個遊戲。

彼得說：「他相當直接。但他完全沒有針對任何人，只是提到我的『頭條大事』。」

聽起來也許很奇怪，畢竟比爾觸及的是相當私人的問題，那就是彼得強烈的「控制欲」。彼得在幾年後回顧當時的狀況，總結了此事對高階主管的影響，結果同樣的問題又來了：如何適當有效地將私人問題納入工作中來處理。

彼得接著開始談論自己和營運長榮恩的關係，我們在第 2 章提過此人。

我的頭條大事是喜歡掌控一切對吧？而榮恩的頭條大事則是取悅他人，他絕對是這世上最好的人了。

我太太常常跟我說：「你為什麼就不能跟榮恩一樣，他簡直是最棒的男人了！」是的，他就是那樣，我愛他好嗎？我愛他。但「我喜歡掌控一切，他樂於取悅他人」正是一種有趣的動力。

所以，重點是我做了幾個決定，而會做這些決定都是因為他。有些事他如果不同意，他不會反抗，但也不會遵守。無論是我或任何人跟這些事有關，他都會是那個發揮緩衝作用的人。有時候為了讓我開心，他不會公開反對我，但會做跟我要求完全相反的事，因為他覺得這才是對公司有利的事。

這種事還會不斷發生，畢竟我們不可能永遠意見一致。有一天我們坐在會議室，一起看著我們的變革抗拒地圖時，我突然豁然開朗，於是轉頭跟榮恩說：「你看我這麼說是不是夠直接：我其實是個虐待狂，而你剛好喜歡被虐待。」他開始偷笑，而我也笑了，但我接著說：「這是非常沒有

建設性的事，我們真的要好好修正一下這個行為了。」

　　現在我懂了：我們已經一起工作十五年了。是十五年！不是六個月。我想我們彼此心裡都知道，這樣的模式還會繼續下去，而且只可意會，不可言傳。我們從來沒有同意什麼，或許也不會有勇氣，冷靜下來直接面對我們所謂的「頭條大事」，我們已經看到了抗拒的構成與改變，也知道該如何形容它了，並且能積極地處理問題，而不涉及人身攻擊。

　　身為 CEO，彼得開始改變自己對其他人的態度，他問道：「你知道煤礦中的金絲雀嗎？」金絲雀是早期礦工用來偵測礦坑裡是否缺氧的警告裝置。他曾經看到我們在製造另一種警告裝置，這種裝置就叫「煤礦中的金絲雀」。

　　「我的意思是，你允許高階主管們討論他們所觀察到的行為，不管是我的還是其他人的行為，因為我們已經為此做好了心理建設和前置準備。我覺得這影響甚鉅。我們只是要防患未然，這是我第一次做這種反常的事，身為 CEO，從高階主管得到的任何回饋，都會成為棘手的負面回饋。」

　　接下來彼此處理了該團隊裡所有的改變，他說：

　　通常人們要彼此對談，並不是什麼問題，尤其是有關商業經營跟高階主管的話題。但若言詞中老是出現「我們不能談這個」、「我們不能去那裡」、「我們不知道怎麼去那裡」、「我們不知道該怎麼辦才好」這種話，那就欠妥當了。一旦你給了人家這種懦弱怕事的印象，再想有什麼作為都是枉然。

　　我們真正想做的是：為所有人提供共通的語言，讓大家可以去談論自己成長時所遇見的挑戰。而且用大家都同意的方式去談論這個問題，怎麼討論、如何做以及為什麼要改變個人或集體行為，這一點對我們來說非常重要。

之前我們曾爭論多次應該使用何種語言，又該如何解決這個議題，我一定要別人同意才能處理這個問題嗎？身為一個 CEO，我需要別人同意，然後用我覺得有建設性、非人身攻擊的方式，才能處理這個問題嗎？

這是一件非常棘手的事，而且我發現「頭條大事」的說法、變革抗拒地圖等等，只要你願意接受，就已經為穩定現況出了一份力。領導才能的發展其實是非常私人的，後來我們就真的不摻雜任何感情，而用特定的方式，很有效率地討論這些事了。

只有互相交流才能使我們成為更加團結的經營團隊。我們可以馬上抓住問題的核心，因為我們已經有了共同的語言和概念，不需要繞著問題打轉。「我要怎麼處理某某人？」這不只是一個問句，還是件大事。我們知道這是件大事，那個某某人也知道這是自己的大事。你可以用鼓勵性且貼近事實的方式告訴他這些術語。等到他能接受之後，就可以離開了。有時候，這是解決私人與集體發展非常有效的方式。

彼得告誡大家這是件費時與需要耐心的事，他指出：

這種事不是每個人都懂，因為每個人理解的方式和時間都不一樣。就像任何的研究一樣，在過程中會遇見各式各樣的人，你得抱持著期待去面對，不論在理性上或情感上，你都得確信自己能辦得到。曾經有人跟我說：「這樣會不會對我不利？那我不是在暴露我的弱點嗎？」所以你必需要小心，不能因為這樣被視為無藥可救的人。

這幾年執行下來，公司員工比較能接受、理解我們正在做的事了，像是激勵他們，讓他們變得大膽、忙碌、勇敢起來之類的。於是我們看到員工的勇氣、員工在會議上落淚、員工大膽的嘗試，而員工也很相信我們的動機和作法。到最後多數員工都成了熱忱的支持者，也使得高階主管們更為團結。

最後，彼得發現此事的效應超出了高階管理階層之外，他說：

我們的高階主管在公司的可信度大大提高了，因為他們願意面對挑戰，公司的員工都看到了，不僅十分讚許，也試著要趕上他們。我們創造了上下一心的強烈情感。員工開始會對我說：「我想知道關於我的『頭條大事』是什麼。」而且還不是高階主管呢！因為他們聽說接下來會很刺激，每個人都想探索自己的頭條大事，並努力完成它。這對我們的成長週期是非常非常正面的。

那移地訓練現場呢？該如何收拾善後？隔天，彼得和比爾告訴整個團隊他們兩人之間的對話，那是他們最後做出的決定，但在大家準備好之前，不會以此來逼迫大家。他們談論的是如何達成這個決定、提出頭條大事的方式，甚至包括 CEO 的頭條大事，如此一來，可能會改變大家熟悉的行為模式。

移地訓練三十天後，執行委員會所有成員都願意分享他們抗拒變革的經驗。當時我們都在場，也都記得彼得最後說的話：「我從未像現在這樣為他們所有人感到驕傲。」

先解決檯面下的小事，才能做好檯面上的大事

我們第一次見到哈利・史賓斯時，他還是馬薩諸塞州社會服務部門兒童福利機構的專員。哈利的任務是「使麻塞諸塞州的兒童福利制度跟國內其他州的一樣好。」

但在工作十八個月後，他改變了自己的目標。他說：「這個國家的兒童福利嚴重地發展不足，有機會成為領導者，就必需負起巨大的責任，帶領該領域更上一層樓。我們州裡有太多有名的恐怖個案，因此，我們機構

必需無止盡地堅守崗位，當然就得從最糟的可能狀態中開始學習。」

哈利繼續講他的故事：「所以我們一直想弄清楚，到底要如何把兒童福利組織變成一個學習型組織，如何帶領一個始終存在著恐懼的組織，並幫助它致力於學習。為了從未發展組織進步到發展成熟的組織，我們必需有所改變與學習。」

後來我們開始和哈利合作，他的狀況跟彼得的很像，只是兩人的組織性質比較不同。而哈利也覺得他的資深團隊好像被卡住了。哈利領導該機構幾個月後，從他與資深員工的相處經驗來看，一切果然如傳聞所說：這個資深團隊一點效能都沒有。他談到自己為何會這麼說：

我們經常在掙扎要在議程中討論哪些事，通常討論的都是行政和政治議題。大多數組織會把 80％ 的時間花在政治和行政方面，卻只花 20％ 的時間在執行上。而我的原則正好相反，我希望的是花 80％ 的時間在執行上，20％ 的時間在政治和行政問題的討論上。偏偏我們就是做不到。

我們就是無法讓資深員工不去想政治與行政的問題，即使再怎麼謹慎也沒用。最明顯的就是「小心翼翼」這四個字了，我們總是「小心翼翼」地對待彼此。

為什麼呢？其實有部分的麻煩是以前就有的。我們內部中央辦公室一直在鬧內訌，員工之間處處競爭。只要有人犯了錯，所有人都會很焦慮，不管這些錯誤會不會讓他們照顧的孩子受到傷害，他們都會被公開審判，為此辦公室裡的焦慮氛圍根本沒有消停的時候。

在這種狀態下，當然會對兒童福利措施有負面的影響。因此，大家都處於極度焦慮的狀態，為求自保彼此競爭得很厲害，甚至還有不同的派系，彼此間鬥來鬥去。我進來之後，也承接了不少鬥爭，而我也一直試圖解決爭端，可惜這裡就是充滿了沉重的「我們做不到」、「我們很害怕

的」氣氛。

而資深員工間又三不五時發生層出不窮的事端。每次資深員工會談後，小團體和派系就會聚在一起，討論一些讓人火大的事、別人做的蠢事等等，謠言八卦四起。

正因如此，我們才有機會與哈利合作。就像彼得一樣，哈利找上我們，是因為改變抗拒的方法引起了他的共鳴，他說：

我確信我們機構是被這些隱密的鬥爭拖住了腳步，雖然大家都不想承認。我在接下這份工作時，內訌就一直都在，要真正改變組織動能，就必需先解決檯面下發生的事，否則組織就會寸步難行。

大家可能都認為在一個兒童福利機構裡，所有人都是訓練有素的社工和精神科社工，擁有碩士學位和兩年的臨床理論培訓，能嫻熟地應用這些專業知識，但事實並非如此，我個人認為，在任何組織裡，這種假設都很難成真。

所以我對我們機構的問題很有興趣。這擺明了就是一個功能嚴重失調的組織，它從事的是創傷修復的工作，工作中的情緒往往很濃烈，而社工和工作人員又每天不斷陷入創傷中。這很像做緊急救護工作，只不過它是心理方面的緊急救護工作。他們接觸過很多可怕的家庭，遇到的孩子都過著非人的生活，無一例外。這些都會把很多情緒化的東西帶進這個組織來。我們要怎麼突破這個困境呢？

我一直在想該怎麼辦才好，我不能把他們都送到加州訓練個一年半載，讓他們發展個人領導能力；也不能無止盡地送他們去參加訓練。我實在不知道該怎麼做才好。

但是當我看到這本書時，我發現了它的奧妙。它掌握了所有訓練的複

雜核心，簡直就是一個不可思議、大小適中又實用的指南針。只要我花四個小時提升自己的發展工作，再去加州受訓，然後在「四欄練習」中，我就能讓某人得到驚人的提升，這法子真是太天才了，誰都辦得到。這不是在談打高空的臨床術語，也不需要花好幾天時間建立什麼概念框架，它真的很簡單，卻讓人感覺它很強大實用。所以，我把這件事告訴了鮑勃和麗莎，並且向資深員工說我們來試試看。

結果開始有些不一樣的東西產生了，後來每個人都讀了這本書，這件事當然也製造了一些焦慮感，之後我們就開始行動了。在行動初期的第二次會議，我們做了「四欄練習」。一開始分成兩個小組進行，否則就會有太多人擠在同一房間裡。許多人在各方面都很投入，可說是效果卓著。

在這場兩、三個小時的會議裡，有淚水、有感人的地方，我想他們也嚇到了。他們和彼此不信任的人圍著桌子坐下，談論發生過的衝突，即使只是小小的意見不合，也擔心會被人嘲笑，但有些人真的很投入，他們回到了童年經歷，那個一切最初的原點。

重要的是這件事不僅發生了，還發生在每個人都能相互分享的情境中。因為分享了彼此的脆弱之處，所以很快就建立起了團體的情感鏈結。

其次，要是有人說出什麼令大家抓狂的事，每個人都會沒來由地同情彼此。例如，資深員工裡有位優秀的訴訟律師，她會定期以光速回到訴訟的狀態，不自覺讓對手感覺受到攻擊。最後我們終於了解了她為什麼會有這樣的反應。

一旦明白了原因，就不會再說「天哪，你有沒有看到她又來了？」這種話，而是對她說「哎呦，我們可以回來了嗎？等一下，我們是不是看到紅旗了啊？」然後她也可以說：「天哪，是耶！」

所以每個人都做得到，因為想法改變而互相支持，並在課程中交換自

己的脆弱來共享深厚的感情，也為培植資深員工在兩年中仍能保持衝突、激烈、充滿挑戰與困難的對話，奠定了契機與基礎。

我認為重點在於：為資深員工打造一個可以產生有力對話，包括大量的風險承擔、深度的分歧等等的環境。所以在過去的六個月裡，我們把焦點集中在熱門話題上，諸如「讓我們繼續加強自己的能力。」「列出我們不會在團體裡討論的熱門話題。」等等。

在課程結束兩年後，這個團體已經達成我們想要的目標了。資深員工會議已經能夠正向討論重大的議題，那是過去做不到的。我是說我們正在試圖持續議程、管理議程，因為現在的團隊已經可以接受許多組織內的任務，更懂得思考實際的執行方法了。

個人作為與組織發展的息息相關

在我們和哈利的合作之後，他愈來愈清楚如何把兒童福利事業發展得更臻成熟，於是他開始思考兩者之間的關聯。他說：

兒童福利工作是我一生中遇到的最複雜的公共事業，也是我做過最複雜的工作。這是一個必需透過政府官僚體系去進行療癒的工作。因此，我們要做的是努力創建一個公共的專業服務機構，這是過去不曾有過的。

其複雜程度就跟我們遇到的那些複雜的家庭一樣，因為當我們簡化任務後，卻又遇到複雜的情況時，就會造成巨大的傷害了。過度簡化複雜的事務，損害往往隨之而來。就像在需要用手術刀的情況下，你卻拿了個大錘子來用，能不造成傷害嗎？所以，我們才會努力讓我們機構成為更複雜、更專業的服務公司。

哈利也意識到，要將組織發展到這種程度，需要養成組織「自我省思」

的習慣。若要做到這一點,他認為必需體認到:第一,這個組織所從事的助人工作是非常隱私的;第二,組織中的專業人員,從行政長官以降,都必需先處理好個人的問題,才能確保自己是幫忙解決問題而非創造問題。這兩方面的努力必需並行。這個並行的過程究竟會是什麼樣子呢?哈利說:

兒童福利界有句名言:「除非你相信家庭是可以改變的,否則你就做不了這份工作。」這是無須爭辯的「公理」。但如果我是一名兒童福利工作者,我會說我絕對相信這一點,但同時我也會告訴你喬的事,喬就在我隔壁辦公室工作,他經常會偷偷啜泣,每次講電話都會大吼大大叫,這種情形至少持續有五年了。我無法讓他安靜下來,所以鳴咽聲也一直無法消失!

家庭可以改變,但我的同事不能。以上有一個陳述是假的。所以,如果你想了解家庭變革的動態,不妨就從了解喬開始吧。要先有一個穩定的環境,相關人等才能在其中進行改變。身為公家機關如何訓練和支持員工,好讓他們發展與人工作的能力,進而有所改變呢?可以從他們身邊的同事下手。

因此,資深員工要做的就是「改變」。但首先要搞清楚:改變究竟有多難,而支持又有多重要。畢竟,我們不是那些在兒童福利系統裡被疏忽或虐待的家庭,只是一群一起工作、正遭遇困境的人,要改變就更難了。因此,必需先爭取大家對「改變」的認同感,知道它做起來困難重重,並提高大家對「改變」的評價,這也是改變過程中最有力的支持。這個部分很容易帶進工作與家庭中,於是一個奇妙的並行過程就這麼開始了。

還有第二個平行的過程,在臨床工作中,最知名的就是移情和反移情作用。整個議題圍繞在:如果我想幫助別人改變,那麼我要用什麼樣的互動和參與方式呢?我想幫助和支持別人改變的關係又是什麼樣子?我要怎麼用自己和大家的方式使別人改變呢?

　　然而，移情和反移情的語言是如此龐大沉重，充滿了心理學家佛洛依德（Sigmund Freud）的理論。而「四欄練習」的精采之處就在於：「頭條大事」的語言可以讓你找到一些非常相似、甚至完全一樣的東西。所以問題是：我的核心動能是什麼？它很可能就在我的作為裡。

　　因此，我考慮到一連串的相關問題。「我的想法要如何落實，才能使資深員工發揮工作效能，進而成為一個真正強大、有效率的團隊？」就像我跟一個社工說的：「你要怎麼做才能讓這個家庭更好更強？」

　　「自我省思」是所有組織工作中非常重要的一環。在兒童福利領域裡，家庭和社工之間的關係中，「自我省思」尤其重要。所以我們需要了解「自我省思」的架構，而「四欄練習」剛好提供了一種「框架」。我們不能調整「框架」，但我們可以重建它。

　　我無法告訴你跟一個家庭互動的規則，再讓你去修正它。那沒辦法像官僚的規則那樣寫出來，然後要你遵守它。人類遭逢的苦難的是如此複雜，沒有簡單的教戰手冊教你怎麼應對。社工是一個自由裁量權很大的工作，而兒童福利機構也只是一個專業的服務機構，並不是一種產業模式。

　　我們正試著為如何工作、工作的核心概念是什麼，以及我們所支持的價值觀，建立一套價值系統和原則。對此我們感到非常興奮，我們採用「四欄練習」做為一種管理措施，在國內二十九個地區辦事處運作。他們也開始自行發展「四欄練習」的語言，並以自我省思的概念建立團隊。就連訓練有素的社工也在使用這套語言，用來思考與服務個案家庭。這一切簡直壯觀極了！

　　當哈利抽離跟我們一起完成的工作時，他帶著我們回到了第 2 章開始的地方，為迎接改變的挑戰而帶出一直被隱藏的情感。我們必需設法把自己的私人經驗轉化到工作上來，哈利說：

我逐漸了解到，這其實是情緒在做祟。兒童福利的特色就是：專業人員都去上了社會工作學校，對吧？他們學會了很多事，其中「壓抑的情緒會反彈」可說是最根本的概念，情緒若不好好處理，只會變得更扭曲，還可能導致功能失調。這是所有臨床工作的基本原則。然而等你進入組織之後，組織只會無情地壓抑所有的情感，最後這個社工組織卻成了一個反社工原則的組織！

我想任何組織多少都有這樣的事發生，重點是要找到扭轉這種抑制情緒情形的方法。在那天結束時，「四欄練習」幫助我們做到了這點。

變革工作需要領導者全心的投入與支持

彼得‧唐凡諾和哈利‧史賓斯領導的組織天差地別，一個是市場經濟下的私有企業，另一個是提供社會服務的政府機構。彼得的公司也有其社會價值：幾乎完全集中在複合家庭貸款（一種健全的借貸行為，跟導致次貸危機的貸款不一樣），它已經以特有的方式，對社會做出了貢獻。這是第一次有這麼多民眾在各方面享受著美國夢。彼得經營的是結果導向的事業，受惠於私有制資本團體；而哈利經營的則是一個公家人力服務單位，受惠於市民及州長。

他們的環境可能不一樣，但在他們的挑戰、領導及結果上，還是有驚人的相似之處。他們都渴望大大提高組織績效，雖然他們的個性都很強烈，但他們也很清楚：沒有人可以獨力擔負起英雄的角色，帶給他們殷切追求的發展。他們知道自己需要合作夥伴、都視自己的資深團隊為改變的核心，也都對團隊的現狀感到沮喪。

但更重要的是，他們都不將自己排除於團隊之外。在這兩個個案中，他們願意身先士卒就是個重要的關鍵，他們讓自己對抗改變的過程透明化，

也要求團隊成員做同樣的事。

　　我們有幸能和許多像彼得、哈利這樣勇敢的領袖一起工作，並且從彼此的合作中學到一點，那就是：組織高層必需成為這類工作的標竿。領導者不僅得是純粹的支持者，也必需是積極的倡導者。如果領導者把一切都丟給我們，只在外部旁觀贊助，那我們就不可能成功。我們得依靠這些領導者，他們才是我們真正的夥伴。一旦團隊成員的抗拒增加，設法改變團隊想法的人是領導者，而不是外部顧問。

　　彼得不止一次這樣做，他的信念來源如以下所述：

　　基本上，我跟員工說：「聽著，如果這真的是你最重視的事，也真的講得夠深入，甚至直達內心深處的話，每個人都能體會。你可能會有種錯覺，以為自己分享的私事沒人了解。但其實他們都知道，在關起門後、在午餐時、在下班後，都會不時談論它。」

　　所以，我不得不做一點事實查核。事實上，他們已經知道，只是假裝不知道，或避而不談。當你有十八或二十個資深員工，那就真的是一種無形的阻力。所以，我必需創造一種語言和場所，讓大家能夠正面地談論情緒，而不是在別人背後說，這樣會比較好。只要時間一久，一定能引起大家的共鳴。

　　同樣地，我們在哈利那邊的工作也需要他們的投入。所以，哈利必需跟同事解釋為什麼這類工作會耗時困難又有風險：

　　我當時說：「我們都有這樣的工作經驗，當別人太過『自我』時，我們就得花很多時間繞道而行，對吧？」每個人都有相同的經驗，就是：耗費大量精力去「管理」個人的偏好和性格，或者行事風格特別的老闆。我到現在還沒有遇到過沒這種經驗的人。

　　然後又說：「令人驚訝的是，還有一種經驗也是人人都有的，那就是大家都很難接受那些把我們逼瘋的人。當然，我們也經常是別人眼中的那個逼瘋別人的人！」知道這一點以後，我們就可以開始做變革的工作了。

　　哈利的一番話大大影響了那些參與我們計畫的人。不過，相信在哈利跟資深團隊說這些話時，對某些人來說，最讓人抓狂的人可能就是哈利了。哈利公開他個人學習歷程中的想法，以及會令他們感到抓狂的事時，帶來的影響力特別大。

　　因此，每位領導者面臨的挑戰其實都有相似之處，他們都下定決心，也有能力讓變革成真，這也是他們會跟我們合作的理由，加上他們都勇於分享，展現自己脆弱的一面。但最驚人的相似之處是──哈利和彼得都了解得比我們多，他們知道我們的工作目的就是提升組織能力，以恰當傳達組織的理想。

　　這兩個組織的工作一旦開始後，便不斷更新，一個真正的工作團隊，為了持續個人的學習，必需建立創新和有價值的條件，儘管在企業和公家機關中，持續反思和個人實驗似乎違反了大多數的工作要求。要讓大家專注在你的改善目標（你的第一欄：目標）上，就要立即「記錄」幾件事，記下當你的同事：

- 可以確認你們要做的事會很有價值；

- 為了團隊好而想要你成功；

- 可以當你的見證，無論你是不是有所進展；

- 可以承認你的改變（這也是鼓舞你前進的強大動機，當／如果你需要他們這麼做時）；

- 可以在他們自己的改進專案中，因為你的進步而被鼓舞、激發（或

感到正面的「壓力」）；

事實上，這一切都證明是正確的，我們非常欣賞團隊讓人持續學習的方法。這是解決棘手問題很重要的一步，稍後也將在本書討論這個部分。這些方法在組織學習過程中，也開始成了最佳實務。

我們的執行長夥伴們對我們很信任，相信我們能提供他們強大實用、專業適當的方法，把成人發展體現在工作上。但其實他們也為我們的工作做出了重要的貢獻，畢竟我們是以心理學家的觀點來支援個人發展的。而他們身為組織的領袖，在思考的組織性和系統性上，遠比我們優秀多了。

正如彼得曾說的，在思考超越個人導向的領導發展工作時，「如果你有一支好電話，別人也有一支好電話，但你們卻沒有搭上線，那支電話就對你一點好處也沒有。你只是坐在那裡，跟自己說話。過去我就經常這樣，但現在我不想再這樣了。」我們的執行長夥伴已經想好要建立一種新的溝通網路了。

如果你只用一隻眼睛，你仍然可以做很多事，但卻會缺乏深度知覺。雙眼視覺能讓你看得更深入。這兩個案例的互補性給了我們的工作不同的深度，使我們得知了其他人的想法。

身為人類發展學者，我們最感興趣的是：如何在過程中維持每個人的參與度。因為積極參與可以提高個人心理的複雜度，使參與者能更成功。身為組織的領導者，我們的執行長夥伴最感興趣的是：如何有效適當地處理公司裡的情感生活，使公司可以更成功地達成目標。然而，唯有每個人都能解決別人沒解決的問題，才能達成彼此的目標。

希望彼得和哈利的故事能激起你的好奇心，讓你也想了解自己究竟是怎麼回事。而當個人和團隊開始參與變革，又會發生什麼事？變革前後又有什麼區別？這些問題本書將在 Part II 回答你。

Part II

他們如何成功克服組織、個人和團隊的變革抗拒

第 **4** 章

團體如何克服變革抗拒？

當你在思考所謂的「變革抗拒」現象時，會發現矛盾的目標與假設不是個人獨有的現象；從工作團隊、管理層、部門到整個組織，都會無意識地自我保護、抗拒改變。

本章提到的團隊都探索了他們集體抗拒的第三欄想法與主要假設。在覺察出自己對改變的抗拒後，這些團體成員更意識到，發掘出整個團體的核心矛盾和習慣心態，也同樣重要。

我們先從三個比較簡單但差異明顯的組織開始說明：一間研究型大學歷史悠久的人文系、負責高危險性工作的美國國家林務署分支部門，以及南加州一所陷入困境的社區學校。

🔓 陷入後繼無人困境——某所研究型大學的人文系

在這個體系龐大的人文系裡，資深教授疑惑地問我們，是否能夠協助他們解決這個頭痛的重大問題。

系主任說：「我們已經十一年沒有年輕老師晉升為終身教授了，真的，我不是在跟你們開玩笑！我們是美國最受推崇的研究型大學之一，但年輕的

教授對於我們提供的工作機會卻愈來愈持保留態度。」

「坦白說，在我們這裡待過的年輕教授離開後，都可以在其他地方找到不錯的工作。如果今天你是個前途似錦的年輕教授，當你知道在我們系上根本沒機會得到終身教職的話，你也會很猶豫要不要繼續留下來，這點我們完全可以理解。」

起初我們很懷疑，除了負責的系主任外，還有沒有人關注過這個問題。直到我們與系上其他終身職的教授談起時才發現，這個問題早已引起系上的高度重視了。州立大學教師通常對系上的向心力比較高；但在私立大學這並不多見。在知名的研究型大學中，資深教授最重視的是各自的研究和著作的進度，而非系所的利益；然而這個問題似乎已經嚴重到每個人都不得不重視的層面。

其中一人說：「我們已經被這個問題困擾好幾年了。令人灰心的是，到現在仍然一籌莫展，就好像是我們一直把年輕教師帶入絕境似的，我們可不喜歡這種感覺。我是個學者，同時也是個老師，我希望促進下一代的生涯發展。我們對博士生如此，對年輕教師也該比照辦理，但是到現在卻始終無人晉升。讓新人出頭是一所以研究掛帥的大學該做的事，而且是責無旁貸。天哪，真應該讓一些人升等的。」

另一個人則說：「不是我們不讓他們升等，但那是有原因的。雖然我們在雇用他們時，對他們寄予厚望，但每到升等審查時，他們的研究不是太薄弱，就是質量不夠好。因此這些年來，我們不斷要求自己要進步，以招募到素質更高的年輕教師。但即使我們現在做得愈來愈好，年輕教師的表現依然不及格！年輕教師來到這裡工作，然後表現不合格，這種事一再地重複，我們實在沒辦法再接受這種可怕的結果了！這裡頭一定有什麼地方不對勁，我們必需找出答案來。」

另一個人接著說：「我們指導他們、告訴他們論文發表對他們有多重要，甚至給他們一整個學期的休假，讓他們可以完成論文。難道我們做的還不夠嗎？」

　　這種「或許我們還可以再做點什麼」的想法，可能就是一個團體共同面對變革抗拒的先決條件了。因此我們請他們清楚定義他們希望改善的目標，然後雙方再一起進入團體變革抗拒地圖的第一步。

　　眾人紛紛提出自己的期望：「我希望年輕教師能把自己的工作做好。」「我希望他們能夠體會本系是一個可以協助他們生涯發展的地方。」「更重要的是，我們要提高年輕教師的升等人數。」

　　然後，我們要求他們一起寫下妨礙改變的「無畏組織清單」，例如：「對於你的改善目標，有什麼事是你們必需共同做的（而不是只有少數人做）？」或「什麼事不可以做？」最後，讓他們針對此議題暢所欲言。（見101頁圖4-1第二欄）

　　● 我們給了年輕教師太多任務和忠告，搞得他們沒時間做研究和發表論文。

　　● 我們給了年輕教師太多的教學負擔。

　　● 我們告訴年輕教師發表論文很重要，但其他事情也很重要，例如教學、輔導及行政管理上的工作。但我們並沒有告訴他們正確的優先順序。

　　如同第2章提到的，在繪製個人變革抗拒地圖時，第三欄「我們其實有……」的想法，恰與第一欄「我們要……」的各種想法相反。

　　回想一下，如同彼得把承諾視為掌控，又如榮恩想確保自己持續受歡迎。同樣的道理，一個團體若想成功建立有效的團體變革抗拒地圖，第三欄恰好提供一個讓團體反思的大空間。當該團體發現自身提升到一個嶄新的層

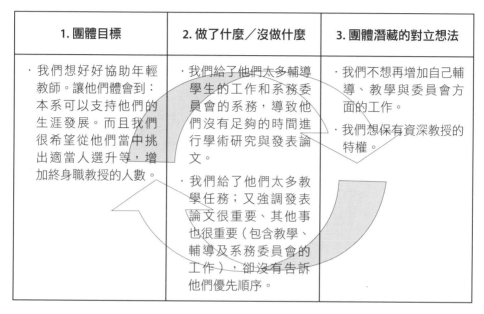

1. 團體目標	2. 做了什麼／沒做什麼	3. 團體潛藏的對立想法
・我們想好好協助年輕教師。讓他們體會到：本系可以支持他們的生涯發展。而且我們很希望從他們當中挑出適當人選升等，增加終身職教授的人數。	・我們給了他們太多輔導學生的工作和系務委員會的系務，導致他們沒有足夠的時間進行學術研究與發表論文。 ・我們給了他們太多教學任務；又強調發表論文很重要、其他事也很重要（包含教學、輔導及系務委員會的工作），卻沒有告訴他們優先順序。	・我們不想再增加自己輔導、教學與委員會方面的工作。 ・我們想保有資深教授的特權。

圖 4-1　人文系的團體變革抗拒：為何年輕教師無法獲得晉升？

級，可以思考和討論新的想法後，就像看到了整座盤根錯節的森林，而不再只聚焦在幾棵樹上。此外，思緒也不再一直轉圈圈，而是重新整合成團體的思維。

　　要如何協助個人或團體，使其第三欄的對立想法顯現出來呢？首先，我們先揭露第二欄所列的全部或部分行為，找出這個團體最大的恐懼。此時全體資深教授面臨的問題是：「如果我們一直做出相反的事，那我們最在意、擔憂的事會是什麼？」教授們的反應則是：

「如果他們不指導所有選課的學生，就得由我們來指導。」

「如果他們少授課，我們就得增加授課時間。」

「如果他們不承擔系務委員會的重擔，就得由我們來承擔。」

　　人只要一感到憂慮，隱藏的想法就會逐一顯露出來。在思索這類問題時，人不僅會露出擔憂的表情，還會隱藏自己不曾察覺、又能阻止擔憂之事發生的「想法」，並藉由這樣的思索，進入自己內心未曾探索的領域。我們藉此讓這群資深教授推演出了第三欄的內容；進而將那些看似單獨又彼此平衡的抗拒系統具象化。沒想到這個團體對於變革的抗拒還真是壯觀。（見第101頁圖4-1）。

　　當團體的抗拒成為了教師們的焦點，立刻引發了前所未有的熱烈反應。相同的一群人在一個小時前，還在處於年輕教師升等注定會失敗的驚慌中；現在卻激動地說：「我們以前還是年輕教師時，也沒人注意過我們，結果我們還不是成了終身職的正教授，為什麼他們就不行？」

　　其中一位教授看到大家一腳踩油門、一腳踩剎車的情景，微笑地搖搖頭，說了以下的故事：

　　跟你們分享一下我對此的看法。你們記不記得，有一年過年我們曾討論過這個問題，當時大家下定決心要更主動地指導別人，記得嗎？所以，今年秋天開始，我決定做個好公民，認真地執行這個承諾，然後主動幫助蘿拉。我一直覺得她是個很有前途的年輕學者，我相信一旦她有機會投入研究，不出幾年一定能升等成為終身職教授。

　　所以，我和她談過一次，討論了她想要的進一步發展，以及工作中面臨的各種問題。而她最大的問題是：我們有人邀請她加入了耗費時間的委員會。她說：「邀請我的人以後會是評估我升等作業的人，我怎麼可能拒絕？」所以我對她說：「我完全理解，但是從現在起，如果有資深教授邀請你加入委員會，你只要認真地傾聽，並感謝他對妳的信任，然後說：『我會認真考慮這個建議，明天再答覆你，可以嗎？』我想沒有人會拒絕這樣合理的請求。」

　　我接著說：「然後妳就打電話給我，我們一起來想想這件事，看看妳如果加入了委員會，會有什麼好處？如果沒有好處，我們再來想辦法擺脫這件事。這樣如何？」她眼睛一亮說：「哇，這太好了！」

　　結果兩週之後，我頂著系主任頭銜，打電話給她說：「蘿拉，你有沒有時間加入委員會呢？我覺得妳非常適合這個工作。」

　　團體的變革抗拒就顯示在這種矛盾之上，團體也因此可以自我解嘲。即使有成員勇敢地講述了自己的真實故事，其他成員仍然沒有意識到：他們都有一套保護自己的藉口，但也只證明了他們不夠關心年輕教師（他們私底下都心照不宣）。

　　其實他們並不擔憂年輕教師的問題，他們真正擔憂的是：可能會失去安逸的現狀。如果重新安排全體教師的職責，可能會不利於他們想要的工作型態。這種如影隨形的顧慮不但強大，而且難以察覺。

🔓「只想降低同仁死亡人數」──美國國家林務署

　　多年來，我們一直是美國國家林務局的一個分支機構。我們的工作包括每年有計畫地點燃林火，以燒掉幾千畝的森林。如果你是在護林運動中長大的人，可能會覺得這是一項奇怪的任務，認為所有的森林火災都是壞事。事實上，在自然生態系統中是很缺火的，偶爾放幾把火，可以促進森林健康地再生。

　　但這其實是一項非常危險的工作。點火的人一方面要放火，一方面又要控制火勢，而火勢有時又會失控，造成幾百萬美元的財產損失，甚至有人員傷亡。而一旦火勢失控，最有可能喪命的就是點火的當事人。我們甚至還會去參加為這些殉難者舉行的年度紀念會；然後在休息時間時，會在

走廊聽到一些黑色幽默:「明年不知道還有誰會來這裡?而且不是活著進來的。」

圖 4-2 的第一欄裡寫著:「我們想要降低死亡人數」,這大概是我們見過最沉重的「目標」了。

這些人會參加這種診斷性訓練的機會極低(順帶一提,許多權威的、具隱密性的團體也是如此;但多年來,我們很榮幸跟他們一起合作,包括:法官、執行長、外科醫師、教育廳長,還有以色列領導人,但從來沒有一個團體拒絕真正投入這項訓練)。

為何林火服務局會對這個不尋常的問題進行集體反思?有人告訴我們:「他們不是社工,不太會花時間去思考工作的感受。他們就是那種頭腦簡單、四肢發達、崇尚力量並適合野外生存的男人。你可以把他們想成是一

1. 團體目標	2. 做了什麼／沒做什麼	3. 潛團體藏的對立想法	4. 團體的主要假設
・我們想降低死亡人數。	・在重要的個案中,我們並未嚴格執行行動檢討。 ・不論對內或對外,我們並未公開我們的失誤。 ・我們沒有認真看待我們的錯誤。	・我們希望不要再有人死亡,但我們卻無能為力。	・如果我們誠實面對我們的無助,我們可能無法承受,並且再也無法恢復了。

圖 4-2 林火服務局的團體變革抗拒地圖:降低死亡人數為何難以啟齒?

群退休的美式足球球員。」對方還半真半假地祝我們好運。

在分析集體變革抗拒地圖之前，我們必需確保每位參與者都已完成自己的版本。個人製作的變革抗拒地圖也包含常見的第一欄目標，就跟個人擬定專業目標時一樣，例如：立志要提高自己的各種領導力或管理能力。

接下來，當我們著手整理他們的集體變革抗拒地圖時，選擇了其中某個小組的成果，他們寫下的努力目標是「降低死亡人數」。看到這樣的目標，不禁讓人鼻酸、哽咽不已。

對這些森林點火者來說，這是一種全新的思維和感覺，讓他們可以彼此分享。聽了大家分享的故事，不僅他們自己就連我們也很感動。如今，林火服務局正採用一種積極有效的「學習課程」，經過一段時間的實踐後，該機構的的點火意外死亡人數明顯下降了，雖然不知道我們提供的方法是否與這個結果有關，但我們樂於認為我們對這樣的成果起了些許的作用。

🔓「對拉美裔學生不抱太高期望」——加州某學校教育委員會

我們也曾與加州南部一個校區裡、辛勤工作的教育委員會合作過，這個團隊由院長、代理院長和幾個校長所組成。該校區 80％以上的學生是拉丁美洲裔，80％以上的教師是白人，而大部分學生的家庭在經濟上都需要資助。在小組每個人都完成了個人的變革抗拒訓練後，我們邀請小組成員共同診斷集體變革抗拒。

如圖 4-3（見第 106 頁）所示，該團體輕易完成了集體的第一欄想法，他們知道「提高英文學習者的成績」對所有人都很重要。但填寫第二欄時，卻讓他們覺得很不舒服，因為這是要他們承認，成員間存有阻礙實現目標

1. 團體目標	2. 做了什麼／沒做什麼	3. 潛團體藏的對立想法	4. 團體的主要假設
·提高英語學習者的成績。	·我們對英語學習者不抱太高的期望。	·在改進英語學習者的教學內容與方法上，我們都不希望有額外的工作。	

圖 4-3 某校區的團體變革抗拒地圖：第一版

的行為，但他們還是很快就確定了一件事：「我們對學生沒有抱太高的期望。」

該小組發現第三欄的最難填寫，但這可是他們最好的學習機會。第一次填寫時，他們承認對這項新工作顧慮甚多，如果他們真的對學習英文的學生抱以更高的期望，就得做更多工作，諸如：需要建立新型課程、新教學方式，這表示他們已經累得要死了，卻還要增加更多額外的工作。

儘管他們填寫的第三欄內容，從技術層面來看，已經可以製成一張變革抗拒地圖（見圖 4-3）；然而，我們的訓練似乎沒有為他們帶來太多的活力，也沒有開創出新優勢。但因當天天色已晚，我們決定休會，第二天一早再繼續進行。

第二天早餐時，代理院長找上我們，他激動地說：「昨天訓練結束後，我一直不停在思考第三欄真正該有的內容，我醒時在想、夢裡也在想。我覺得我們並沒有說實話。」於是我們開始仔細詢問他原因。

這位拉丁美洲裔的代理局長說：「在這個由多數白人組成的團體裡，我們最難討論的話題就是……種族問題；雖然我們相處愉快、彼此懷抱善

意，也都很願意幫助這些孩子；但這也正是我們不能真正說出第三欄內容的原因。」

我們接著問他，他認為第三欄的內容應該是什麼。他回答：「坦白說，我們只是很努力在勉強維持一種同情文化。但我真的不確定能不能跟大家說這些。」

代理院長所謂的「同情文化」充滿了保護色彩與同情心：「這是一種態度，類似『這裡的孩子已經遭受了這麼多的苦難，承受了這麼多的負擔，我們怎麼忍心在學習上再嚴格要求他們，這樣豈不是又增加了他們的痛苦？』的態度。」

我們談了很久，但結束的時候，他決定把這件事告訴小組，並修改第三欄的內容。不管會面對什麼樣的困難，他都決定表達自己的看法：「如果我們不能提出這一點，還有誰可以？白人管理者不可能提出這樣的觀點，因為白人擔心自己會被當成種族歧視者，這會傷了大家的感情，也可能會傷害我們小組的良善精神。」

那天早上他向小組提出了這個問題，情況正如他所預料的那樣，大家都有爭議，並非所有成員都願意將真實的想法添進新的變革抗拒地圖中，但至少他們同意這是參與式領導中很重要的一步。如同一位成員說的：「對學生期待太低，不見得是因為歧視和漠視，也可能是因為愛和關心。」這話真是讓我們大開眼界。

這個小組之前被隱晦的一面，如今變得一目瞭然，這也讓他們深刻體會到，這種想法嚴重妨礙了他們對英文學習者的承諾。小組第一次能夠討論這個重要的問題：如果他們太嚴格要求學生，真的會讓學生感到痛苦、導致失敗嗎？

這只是他們之前一無所知的假設。最後，他們修改了變革抗拒地圖（見

第 108 頁圖 4-4），也修改了這個假設的可能性，並推翻了這個一再被延宕的變革抗拒。

這三種情境展現了變革抗拒的過程，從如何聚焦個人的改善、建構，到跨越這個抗拒。至少這些方法可以讓大家產生新的討論空間，進而讓小組不再有「我們在這方面不會有進展」或「我們只是在兜圈子」之類的慣性行為和對話模式。

雖然大家都知道「我們現在討論的可能不是真實的情況」，但其實我們也很難知道真實的狀況會怎樣？只能在降低防禦機制、不引發團體內部衝突的情況下，提出真實的意見。

我們將在 11 章中討論如何協助某些團體或次團體收集團體抗拒地圖的實例。你可能會問：「更深入、更開放的討論當然有好處，但要如何才能進一步呈現真實的團體成果？資深教師真的可以為資淺教師能創造更佳的成長

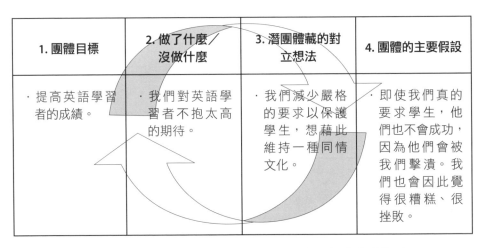

1. 團體目標	2. 做了什麼／沒做什麼	3. 潛團體藏的對立想法	4. 團體的主要假設
· 提高英語學習者的成績。	· 我們對英語學習者不抱太高的期待。	· 我們減少嚴格的要求以保護學生，想藉此維持一種同情文化。	· 即使我們真的要求學生，他們也不會成功，因為他們會被我們擊潰。我們也會因此覺得很糟糕、很挫敗。

圖 4-4 **更好的版本：為什麼我們對英語學習者不抱太高的期待**

環境嗎？就算這個學區的老師提高了對學生的期望，孩子們就願意面對更大的挑戰嗎？是否有更好的解決之道，而不只是讓教師們覺得自己已經盡力了呢？

確實有這樣的方法，因為處理了團體抗拒力而產生了新效果，請再思索以下三個案例：一家專業服務公司的合夥人團體、診所的醫務人員，以及一所美國醫學院的教師團體。

🔓 「致力凝聚領導團隊力量」──企管顧問公司

這家企管顧問公司的領導小組，想將團隊能力提升得更高，他們內部調查的結果與年輕同事的意見一致：領導小組充滿活力，公司在目前的領導下經營得不錯；但他們缺乏真正的凝聚力、互相信任和內部支持，這對公司的所有層級都造成了浪費。

較年輕的同事經常覺得進退兩難，無法確定待在這家公司會不會有前途；而領導人則覺得自己的工作效率高，甚至充滿創造力，但他們也因為公司派系間的紛爭、競爭、公開指責而感到精疲力盡。此外，總經理也同樣進退兩難，一方面領導小組要求分權、分享，另一方面，這個團體又缺乏足夠的合作能力，無法實現他們想要的組織管理結構。

這二十位合夥人第一次有機會診斷個人的變革抗拒。根據他們「讓團隊更有凝聚力」的目標，他們選擇了個人的改善目標，例如：不要老是批判他人或任何事物；具有更開放的心胸，變得更值得信賴、更人性化、更有同理心。然後我們請他們一同分析集體的變革抗拒力，他們決定將團體改善目標修正為：「創造更互信與堅定支持彼此的文化」。

我們將他們分成四個小組，以增加參與感與互動性，並要求小組完成

阻礙目標進展的團體變革抗拒地圖。當他們再度聚集成一個團體時，他們整合了四個小組的抗拒地圖，形成一張豐富又吸睛的統一圖（見第 111 頁圖 4-5）。

他們做了哪些與目標背道而馳的事呢？圖 4-5 第二欄的內容正是他們的「惡行劣蹟」；又是哪些集體的對立想法，使這些行為看似合理，甚至冠冕堂皇呢？請看右頁圖 4-5 第三欄的內容。

這群合夥人慎重地看著他們之間的各種矛盾，然後開始思考讓他們變成這樣的原因。他們深知再這樣下去，他們永遠不會成為績效更好的團隊，於是他們列出了自己一直以來的假設：

● 創業家精神和團隊合作兩者天生就衝突，不能共存。

● 我們生活在一個人人為己的世界；如果在我們有人遇到了麻煩，公司不會支持我們；就算我們對外求援，也沒有人會幫我們；如果我們不照顧自己，沒有人會照顧我們。

● 在資訊有限的情況下，我們個人的判斷力凌駕團體的判斷力。

● 「帶領團隊更上一層樓」只是一種選擇；我們也可以選別的；這個目標未必是我們下一步的選擇。

● 我們現在的資產不會持久；景氣將會下滑，並造成極大的損失。

● 工作的廣度（對沖避險、開發更多客戶）比深度（專心於大客戶）要安全多了。

● 創業家精神只適合開發新客戶（比較像狩獵），不適合深入服務客戶（比較像深耕）。

● 如果有某個我們沒有親身參與的決定，就絕對不是一個好的決定。

● 一個人如果夠好、夠強，就不需要別人的支持。

1. 團體目標	2. 做了什麼／沒做什麼	3. 團體潛藏的對立想法
· 創造互相信任和堅定支持彼此的文化	· 我們寧可自己一直說，也不想聽彼此說什麼。 · 我們經常在別人背後議論紛紛。 · 如果決策沒有徵詢我個人意見，我就不認同這個決定。 · 我們認為個人的工作比團隊的工作重要。 · 在情況不明時，我們從不假設別人是好意的，反而經常認為是惡意的。 · 我們都避免去談難以啟齒的事。 · 我們從不盡力去了解彼此的工作。 · 我們不分享訊息。 · 我們建立並延續獎勵系統，但對個人成就的激勵永遠多於對團隊成就的激勵。 · 我們經常互相批判和指責。 · 我們結黨結派，而且一直只跟小圈圈的人合作。 · 我們在外奔波服務客戶，保持忙碌，做好避險動作，以對抗經濟下滑和不景氣。 · 我們為了拉攏資淺的同事加入特定計畫，彼此互相競爭。	· 我們不聽從彼此的指示，因為我們都想要個人自由、維持創業家熱情、並擁有獨立自主的權利。 · 我們一心想贏，即使這代表公司裡有人會輸。 · 我們不想讓依賴他人，也不想被他人依賴。 · 我們不惜超收客戶，以免自己的業績在景氣下滑時落後。 · 我們深信人力要永遠都能應付我們的需求。 · 我們不該直接解決衝突，這會讓我們耗盡心力。 · 我們很喜歡嚴厲批評與評斷他人。

圖 4-5 某專業服務公司的團體核心矛盾

隨著他們的討論不斷深入，四欄練習的魔力終於奏效了：合夥人不僅是在參加一項訓練，更突破性地窺見團體的思考模式，也看到這種模式正在阻礙他們前進。雖然大家都強烈懷疑每個假設，但他們也認同：如果這些假設是真的，那他們別無選擇地必需往下一階段前進，否則大家最終不是走下坡，就是完全失敗。

　　如果有合夥人對某個特定的假設爭辯不休，另一位合夥人就會說：「但是兄弟，你看，我們並不是沒有互相幫助啊……。」

　　「但是，等一下。我們現在還沒有要解決問題，而是要設法說服自己擺脫這些信念，所以我們要先確定這些信念是什麼，然後再來解決它。」有個夥伴提醒他，要注意大家正在做什麼。他們正要搞清楚他們的變革抗拒系統為何如此牢不可破。

　　下一步則要找出最關鍵的四個假設是什麼？我們再次將他們分成小組，這次的任務是要找出一條路，讓他們可以有系統地探索，或逐漸靠近這些重大的假設。看看能否將假設轉變為事實，或證明這只是假設的第一步，因為這些假設不是不經批判就能被接受的。

　　例如有一個小組，他們針對第一個重大假設「創業家精神與合作精神的衝突性」，設計了大量有趣的實驗來驗證它。這群開始「思考實驗」的起步者，打算分解這個多重含意的創業家精神概念，再予以分類。

　　於是，他們開始檢查、評估創業家精神的構成因素，到底哪一部分會真正限制合作性的發展？又是以何種方式阻礙合作？而合作的倫理性是否反而能實際支持創業家精神的各個面向？

　　他們開始了行動測試，決定找出十個有創業性質的計畫（包括他們想服務的新客戶，或想把新的服務項目放進既有的客戶計畫裡），然後集體出擊，目的是想測試：如果打破了熟悉的小圈圈，同時關注每個成員的個人需

求，那麼他能否形成新的聯盟，並成功開發新業務。

在培訓結束前的分享時刻，我們聽到諸如：

「很難形容此刻我有多麼開心，因為我們不像以往那樣，以起立、手放胸前般的宣誓來結束會議，彷彿這麼做，我們就會承諾當個好男孩、乖女孩一樣。儘管有如此振奮人心的宣言，我們還是覺得很沮喪，因為我們知道這些幾乎沒有效果。」

「我們一直告訴客戶，我們不該對解決方案操之過急，而需要花點時間，真正了解問題所在。而你們為我們做的，也正是如此，讓我們自己找到解答。」

「跟一開始相比，問題雖然沒有被解決，但我卻感覺樂觀多了。我們不只知道了如何在會議中彼此對話，還因為『不採取敵對』這種簡單的方法，讓我們手牽手團結在一起，任何事都因此變得簡單。我看到了前進的方向，也了解了那些讓我們陷入麻煩的想法，現在大家必需關注這些想法，並保持警覺。」

🔓「想解決麻醉藥物氾濫」──教學醫療中心門診部

彼得・漢姆任職於一家教學型醫療中心的門診部。對於麻醉性止痛劑的使用，門診部各部門的作業並不一致，醫生和護理師為此進行了一次會談，討論大家不滿的原因。

會前大家對這個議題的討論與顧慮，已經持續了一段時間，而股東也已經抱怨了好幾個月。以下是他們一些典型的顧慮：

● 有些門診的家醫科醫師認為，門診已經快變成容易取得麻醉性止痛劑的代表地了。

113

● 有些醫師反對不讓其他醫師知道門診有大量病人要求麻醉性藥物。

● 護理師們抱怨醫師「耳根子太軟」，讓病人利用了門診。他們表示，醫師總是輕易開具處方箋，破壞了提供這類藥品的底線。（最近的一個實例是：護理師告訴病人，若想再取得這類藥品，須等慢性處方箋規定的日期到了才行；結果病人看了醫生之後，醫師卻輕易地開出該藥物的處方箋。）

● 實習醫師抱怨在臨床實習中，遇到大量「索求藥物的病人」。

該診所對於如何處理這類藥品的申請，已經有明確的政策與程序，但還是有很多人不遵守規定。診所好幾次想解決這個問題，最後都以失敗告終，讓醫師與醫務人員覺得很挫敗。門診部負責人對此事特別關注，決定採用新方法來找出問題，改善此一情況。有位新職員因最近接觸了變革抗拒的訓練，自願協助召開這次會議。

會議上有醫生也有護理師，他們簡略地討論了麻醉藥物的問題，然後分成兩人一組進行訓練。協調員解釋了四欄的變革抗拒地圖，包括對新加入者解釋可能的風險，並要他們放心，他們只是被請來想辦法，看看這些辦法是否有幫助。

每兩個小組必需完成個人的四欄表，而唯一的規則是：必需對組內所有人分享的訊息保密，而且初始想法（第一欄）必需與麻醉藥物有關。這樣的作法可以讓所有人關注自己對集體問題是否有貢獻。其中有兩位醫生和一位護士志願分享他們的內容，如圖 4-6（見第 115 頁）所示。

我們先來看看醫生的說法，在圖 4-6 中，兩位醫生被問及第一欄想法與診所對麻醉藥物處方的政策之間有何關聯時，兩位醫生的回答一模一樣。換句話說，這些醫生都想遵守診所的政策，但他們的行為與承諾並不一致（當然，他們通常都會遵守政策，但也承認有時他們確實沒做到）。

1. 目標	2. 做了什麼／沒做什麼	3. 潛藏的對立想法	4. 主要假設
・恰當地開立麻醉藥處方箋。 ・適當地治療疼痛。	・沒有建立麻醉藥品管制協議。 ・在未了解所有病史前，便開立麻醉藥處方（例如在候診室、走廊遇見病人，就答應病人開立處方箋；甚至有病人通過電話、電子郵件要求醫師開處方箋）。 ・在問診結束前，經病患要求而開藥，並未花時間判斷病史。 ・在現場不會責備因要求麻醉藥品而對護士或醫務人員無禮的病患。 ・對於違反麻醉藥品管制的病人，沒有強制他們出院。	・凡事必需與時間賽跑。 ・必需相信病患。 ・需要被病患喜歡。 ・盡量避免質問病患，以免增加病患的壓力。	・如果我看診太慢，就表示我不是一個有效率的醫生。 ・如果我不相信病患，那我就無法在醫病關係中有效地幫助他們。 ・如果我對每個病患的要求都要仔細審思，那就有更多重要的工作做不完了。 ・如果病患不喜歡我，我的聲望就會下滑。 ・如果我無法處理好病患的每一次疼痛，那在減少病患痛苦上，我顯然是失敗的。 ・如果我覺得有壓力，就表示我不夠專業。

圖 4-6 **開立麻醉藥處方：護理師的個人變革抗拒地圖**

從圖中還可以看出，這些行為尚有其他重要的作用，包括避免因執行政策而引起的負面效果。如今一個變革抗拒系統已經成形，就像一隻腳踩著油門，而另一隻腳卻踩著煞車。

現在再看看護理師怎麼說，請看圖 4-7。

1. 目標	2. 做了什麼／沒做什麼	3. 潛藏的對立想法	4. 主要假設
・持續嚴格執行門診麻醉藥處方規定。	・在覺得規則被破壞時，不敢告訴醫師。	・必需要避免因質疑醫生而產生的不舒服。	・如果我質疑醫生，他會不高興、不理我或責備我。 ・一旦我覺得不舒服，就無法投入自己的工作。

圖 4-7 開立麻醉藥處方：護理師的個人變革抗拒地圖

最引人矚目的是：護理師的變革抗拒系統與醫生的竟如此相似；他們的行為都沒有完全遵守政策，而原因都是想避免拒絕他人的尷尬。當然，他們還是有區別的，差異在於：這麼做會擔心引起誰的反感。醫師擔心病人的反應，護理師而則擔心醫師的反應（護理師們對醫師破壞規定不置一詞，就會讓醫師習慣不去在意護理師的反應）。

會議接近尾聲時，協調員要求參與者不要改變他們在第二欄列舉的各種行為，而是在接下來幾個月，思考對應的第四欄各種重要的假設；同時要求參與者能互相檢查他們第三欄的對立想法，並思考主要假設的進展。

當然，此次會議不僅只是公開醫師與護理師對當前問題的貢獻，而是

希望最終他們能夠改變行為與態度。因此，他們還訂定了一些計畫來評估之後會發生什麼變化。

在會議召開之前一個月的病人，如果有到診所申請麻醉藥物處方，護理師會將該病人加入數據庫，並檢查該病人是否持有有效的麻醉藥物協議。五個月後，會再次檢查病人的病歷表，以確認沒有麻醉藥物許可的病人是否該被列入許可？而病人是否在沒有許可、或超出許可範圍內得到麻醉藥品？以及醫師是否拒絕為其開立處方？

另外，在隨後的五個月內，醫院也將監控因麻醉藥物問題被勒令出院的病人人數，這些問題包括偽造處方、態度粗魯或有威脅行為、違反麻醉藥物許可行為等等。

這些嚴格堅持到底的評估，令人耳目一新，其結果更是非比尋常：

● 五個月快結束時，有十四名病人因為違反麻醉藥物許可的行為，被勒令出院，而他們在前兩年中並沒有出院紀錄。

● 對於申請續用麻醉藥物的病人，簽訂麻醉藥物協議的比率，從第一個月的 30％，上升到最後一個月的 65％。

● 接聽處方熱線電話的護理師覺得：在強制實行麻醉藥物規定方面得到了支持（而之前很少有這種感覺）。

協調員和他的同事們都認為這是非常顯著的結果，沒想到只投入了少許時間召開會議，竟產生了不可思議的效果。雖然診所內的其他干預措施，也可能影響了這個結果，但參與者認為因為這個會議，大家從疼痛管理議題中看見了自己的心理障礙和假設，使得這個會議成為變革的重要轉折點。

在那次會議後，他們見證了診所的重大變革，大家從私下抱怨變成公開承諾，並互相檢查阻礙變革的基本假設，最終真正改變了他們的行為。

🔓 「成功完成課程變革」──醫學院教師團隊

康絲坦斯‧鮑爾跟同事將變革抗拒的方法運用到組織變革中，為一所美國醫學院進行課程變革。在此之前，大家都認為高等教育變革只是在浪費力氣，只會讓人夢想破滅，因為所有的理想抱負，都會面臨現實的小派系阻礙，這比大型的志同道合團體更難變革。

在鮑爾的報告中，扎實又按部就班的方法似乎產生了很不一樣的結果，因為在每一個步驟中，參加者逐漸適應了處理變革抗拒的手法，使得該團體包容地探索他們共通的矛盾，而不致產生「我們」跟「他們」這類的團體分裂，要知道這種小分裂很容易破壞立意良善的變革努力。

我們的同事榮恩‧海菲茲曾經寫道，馬丁‧路德‧金（Martin Luther King）❶ 的領導才華在於他有一種能力，能夠從白人與黑人的鬥爭中，將民權運動轉變為展現國家理想與社會現象的鬥爭。

在這個鬥爭中，至少所有人都有可能團結在一起。如此一來，雖然未必能立即減少衝突，卻將群眾的注意力轉移到某個理想與現實之間的落差，改變了衝突的本質，使得人人都有責任致力彌平這個落差，而不是指責該由哪群人來負責。

可惜不可能永遠都有領導魅力非凡的天才來支持每場有價值的變革挑戰；但一般人可以透過學習以及比領導魅力更有意識的行為，來引起集體觀念的轉變，這一點非常重要。而鮑爾和她的同事辦到了。

一開始該團體全體教師都在考慮，是否要把他們認為重要的核心能力灌輸到畢業生身上，以幫助畢業生在二十一世紀的醫學界中功成名就。但考慮了畢業生必備的核心能力與實際能力間的差距後，他們確定了畢業生的第

一欄進步目標。（〔 〕內文字是第 122 頁圖 4-8 的團體目標）

● 我們承諾：促進畢業生專業能力、態度和技術的全面發展。〔專業能力〕

● 我們承諾：鼓勵學生自主學習與主動學習，為成為終身學習者做好準備。〔主動學習〕

● 我們承諾：在醫療實務上強化基礎知識與臨床科學概念的整合。〔整合〕

● 我們承諾：擴充學生對不足課題的熟練度。〔不足課題〕

變革者找到了一種方式，以幫助教師集體確認其第一欄的承諾（而非利用某長官的權力加強以上這些項目），接著他們將面對難度更高的任務：共同製作阻礙目標實現的「無畏清單」（第二欄）。

變革者再次以「讓團體體驗另一個落差」的方式來協助他們。這個落差並非他們期待學生具備的能力與學生實際習得能力之間的落差，而是教師團隊已採用的教學方式與應採用的方式之間的落差。

變革者調查了負責所有必修課和住院實習工作的教師，徵求最佳教育方式和評量各項學習目標的看法。（第 120 與 121 頁的表 4-1 和表 4-2 詳細記錄了結果）

調查結果顯示，多數教師認為：比起「分辨關鍵的信息和概念」和「有效地表達資訊」，非正式授課如小組討論、個人研究計畫、實驗學習和輔

❶ 馬丁・路德・金（1929 ~ 1968），美國牧師、人權主義者、非裔美國人民權運動領袖、1964 年諾貝爾和平 得主。主張以非暴力公民抗議方式爭取非裔美國人的基本權利。

學習目標	教學方法						
	講座	團體討論（有預習）	小組討論（無預習）	小組討論（有預習）	獨立研究計畫（有審查）	實驗學習	輔導
能分辨關鍵資訊和概念	4.2*	3.3	3.0	4.4	3.4	3.5	3.9
能有效表達訊息	4.6	3.2	2.4	3.4	3.1	2.7	3.3
激勵自己自主學習	1.6	2.4	2.4	4.3	4.6	4.1	3.4
解決問題的能力	1.4	2.3	2.8	4.2	4.0	3.6	3.4
批判性思維能力	1.7	2.7	3.0	4.2	4.2	3.7	3.7
溝通技巧	1.4	2.5	3.2	4.5	3.2	3.3	3.3
資訊整合能力	2.6	3.3	3.0	4.4	3.8	3.8	3.4
資訊管理能力	2.6	2.8	2.7	3.9	4.0	3.4	3.5
熟悉取得可信資料的來源	2.7	2.7	2.3	3.8	4.6	3.1	3.1
團隊工作能力	1.1	2.3	3.0	4.3	2.5	3.6	2.0
概念應用	2.3	2.9	3.0	4.3	4.1	4.0	3.5
統合學習	2.4	3.0	3.0	3.9	4.2	3.7	3.8
訊息記憶	2.6	2.8	3.0	4.2	4.3	4.1	4.0
總體評分	2.4	2.8	2.8	4.1	3.8	3.6	3.4

表 4-1 **對不同學習目標之最佳教學方法的教師意見調查表（n ＝ 44，回收率 98％）**

學習目標	教學方法					
	複選題	論文	口試	開卷測驗或作業	課堂表現	期中考
實際知識	4.3*	4.0	3.8	2.7	3.4	4.0
概念知識	2.8	4.3	4.2	3.3	3.3	3.0
自主學習	2.4	3.5	3.6	3.5	3.3	2.9
解決問題的能力	2.7	4.1	4.1	3.7	3.6	2.8
批判性思維能力	2.4	4.0	4.1	3.4	3.2	2.8
溝通技巧：書寫、口條及傾聽	1.4	3.8	4.3	2.6	3.2	2.1
資訊整合能力	2.5	4.0	4.0	3.2	3.5	2.8
資訊管理能力	2.2	3.3	3.4	3.4	3.3	2.8
資訊來源知識	2.7	2.9	3.2	3.1	2.3	2.6
團隊工作	1.3	1.3	2.1	2.8	2.3	1.6
知識保留與輔助	3.3	3.4	3.8	2.6	2.7	3.4
組織技能	2.0	4.0	4.0	3.2	3.2	2.0
基本臨床考試技巧	2.0	2.4	3.1	2.1	3.8	2.1
自我評估能力	2.2	2.7	2.8	2.3	3.2	2.5
技術性技能	1.7	2.1	2.2	1.7	3.9	1.9
總體評分	2.4	3.3	3.5	2.9	3.2	2.6

表 4-2　**對不同學習目標之最佳評鑑設計的教師意見調查表（n ＝ 44，回收率 98％）**

導，更有利於實現他們的十三個學習目標。例如，相對於其他的學習目標，他們覺得「有事先預習的小組討論」比授課更有價值，然而這樣的小組討論評分項目，卻只占臨床前和臨床項目的 12％和 11％，而正式授課則分別占了 65％和 20％。

　　教師們重新認知到，比起論文、口試和課堂表現，多選題考試除了背誦外，能學到的東西其實很有限。然而客觀的考題測驗至今仍是多數課程和實習的主要評估方式。

　　該項調查也確認了教學目標與教師行為之間有很大的矛盾，這些矛盾與四個主要進步目標有關。這項調查還催生了第二欄屬於教師本身而非變革者的內容，而這正是我們在尋找的無畏組織清單。

　　之後，變革者幫助團體確認了隱藏的對立想法（第三欄）和主要假設（第四欄），這也是上述阻礙變革行為的原因。教師們分成獨立的任務小組（每個小組都納入幾位學生，因為學生的威脅較少、能誠實地提出自我保護的可能原因），以改善議題為主提出四個目標，使他們能有效確認為什麼他們到現在還是無法落實第一欄的目標。（見第 123 頁圖 4-8 完整的變革抗拒地圖）

　　正如鮑爾和同事們解讀的那樣，有些對立性想法看起來很合理。例如，讓參加執照考試的學生充分準備、保證教師的時間運用和學術上的精進、承認學院的教育資源有限等等，誰會對這些行為有異議呢？這樣的擔憂既負責又合乎邏輯啊！

　　而其他的競爭性承諾則顯得較為自利，例如確保良好的教學評估、維持系所對教育資源與課程目標的管控、排除額外的課程以確保時間分配。任務小組中不少成員勉強同意這些有點負面又保守的思維，他們很負責地為全體利益發聲。

　　不論在個人或團體的變革抗拒地圖中，第三欄內容一旦形成，就會使人意識到阻礙變革的系統一直在起作用；同時發現真正的變革障礙均來自於系統內部。鮑爾和他的同事描述了第三欄的各種憂慮，以及這些憂慮導致的對立性想法。

　　他們說：「如果對這些擔憂置之不理，肯定會危及任何的變革建議；更可能會讓它們永遠維持現狀。我們已經就教育目標與課程資料確立了主要

1. 團體目標	2. 做了什麼／ 少做什麼 目前哪些課程無法實現這些承諾？哪些可以？	3. 團體潛藏的對立想法 如果我們沒有做，我們在擔心什麼？因此…… 我們也承諾……	4 主要假設 我們假設……
專業能力	· 過度重視事實資料，而犧牲了其他面向的專業發展。 · 未有效監督學生的專業態度、行為和能力。在四年內，未曾提供建設性的回饋和榜樣。 · 在臨床問題解決討論中，並未加入臨床背景因素。	· **學生沒有準備好** （降低對事實資訊的注意，會培養出不合格的學生。） · **不威脅住院醫生和學生** （事實上，專業能力的監督和評估會威脅到住院醫師和學生。） · **系所想保有課程的控制權** （將專業能力整合進系所課程，會分散課程內容中的特殊訓練。）	· 要讓學生學會最基本必備的資訊，唯有在現有課程分配的正規教學時數下，才有可能辦到。 · 專業能力，尤其是態度的評估並不可靠，且過於主觀，不應做為評量指標。 · 個別系所的教育目標應該優於全院的整體訓練目標。

圖 4-8　醫學院教師的集體變革抗拒地圖：為什麼我們沒有堅持用最好的教學法，讓學生達成重要的學習目標

主動學習	· 設定了專斷的學習限制；使用太細節的課程大綱；重點聚焦在基礎學習。 · 未將教學評量聯結到學習目標。 · 不常去監督學生是否在臨床案例中應用所學。 · 限制了教師在新教學與評量方法中發展的機會。	· **產生好的教學評估** （如果學習目標不明確清楚，學生會很受挫；混亂導致教學評鑑低落。） · **維護學院的校譽和學術聲望** （學不到考執照所需的事實性知識，學院認證會受挫。） · **限制／保護教師教學努力；避免教師反抗。** （如果要求教師增加教學廣度、評量方式，他們會抗議。）	· 學生需要有架構的教學方式。 · 學生的評量是根據他們被教導的知識量多寡，而非他們實際學到了什麼。 · 執照考試重視事實性資訊的記憶，而非概念。 · 教師未將教學傑出視為優先事項。他們更重視自己的研究和臨床工作。
統整力	· 教師在教學規劃欠缺溝通和合作。 · 因為教學內容被切割，個別學科爭奪自己概念的傳授控制權，往往超出學生能接受的程度。 · 未能提供更多跨學科的教學，也沒有評估學生的認知，以及應用一般生物醫學概念的能力。	· **限制各單位的教學要求** （多科系的整合會過度增加教學的負擔。） · **避免學生混淆** （統整教學取向先天的混雜性，容易導致學生混淆並降低學習成效。） · **確保教學內容的準確性；保有專業領域** （如果允許非專家傳授不在行的學科，會發生錯誤和誤解。）	· 教師的教學責任僅止於其特定的學科內容。 · 只有按照系所規定的內容講授課程，學生才能學得最好。他們沒有能力處理不同學科的知識。 · 對醫學院的學生而言，教師不應教授他們專業領域之外的課程，因為教師沒有時間和興趣去更新自己在其他領域的知識。

續圖 4-8 **醫學院教師的集體變革抗拒地圖**

不足課題	・沒有適當的課程發展。 ・沒有將這些主題統整到相關課程的教學內容中。 ・沒有針對這些主題開設額外的課程。	・**維護核心課程** （如果擴展新課程，就表示要大幅縮減原來講授核心內容課程的時間。） ・**必需保留領域專家講授課程時間** （這些課程將超出現有教師的專業範圍。）	・不能減少核心課程去配合新的領域或主題。 ・教師在不足課題領域的能力，無法達到醫學院教學的基本要求。

續圖 4-8　醫學院教師的集體變革抗拒地圖：為什麼我們沒有堅持用最好的教學法，讓學生達成重要的學習目標

承諾，現在要做的是，檢查團體裡對立性想法的來源和基本原理。」

　　確認變革抗拒的可能假設，對團體來說也很有價值。一旦人的信念從「唯一真理」轉變為「有可能」時，就可以翻轉變革的阻力，而變革的道路也會因而出現。學院方面表示：

　　在許多醫學院中，不少支撐對立性想法的重大假設都是老生常談。上個世紀，醫學訓練的進步與醫學院總體發展的穩定順利，都源自於對這些假設的堅持。

　　所以，忽略這些假設的課程設計，才會在某些教師間引起這麼大的顧慮和抵制。與會者應該都同意這種想法很普遍，所以未曾質疑這個想法對或不對。因此，想從過去找出打破這些原則的理由，以推動課程變革，似乎不太可能。

　　所幸這些變革者並沒有因此止步。雖然他們已經幫助很多團體做出了

非常有效的自我診斷，但有了診斷未必就能成功治癒問題。他們將這些重大假設劃分為四個廣泛的領域，以查看該團體的集體抗拒力如何讓組織避免這些假設的不足。

- 假設的學生侷限

- 假設的教師侷限

- 假設的系所侷限

- 假設的學院侷限

然後，他們開始針對每種假設做設計和測試。測試的目的並不是要改

組織的主要假設	測試主要假設的策略
學生的侷限 · 學生無法因應缺乏結構性、又跨學科的學習環境，因為學生必需能自我評估和自主學習，才能因應這類的學習環境。 · 新型教學和評量方法、新教材、必需透過修課才能習得的專業能力，這些都不利於學生獲得核心的基礎知識。 · 成績考核會威脅到學生。	· 適當減少傳統修課的時數（減少不必要的課程，調整改善核心課程與指導），以保留個案討論課程、學生獨立研究時間。 · 在課程變革實驗計畫中，強調學生學習和教師教學要達成廣泛的學習目標和成績預期。 · 在變革實驗中，持續監控學生在傳統課程和職業資格考的成績。 · 追蹤並處理學生因課程變革而產生的挫折感。 · 與教授實驗性個案討論課程的教師密切合作，以評估他們對該課程或實習指導的影響。

圖 4-9 測試集體主要假設的正確性

教師的侷限	・為專業行為制定各階段的績效指標；訓練教師使用這些指標；測試指標的有效度。
・教師對採用新的教學法、利用新的學習評量、提供學生支持性回饋、學習新的科目都不感興趣，也覺得力不從心。 ・教師難以擺脫原來工作，去參加小型且跨學科的討論小組、參與教師發展計畫，或幫助協調課程。	・為跨學科討論課程招募與訓練共同主持人；配合共同主持人的經驗和專業知識，擴展討論的觀點。 ・在主持人培訓上，納入相關學科的基本概念個案討論，加強他們在專業以外的知識更新。 ・徵求參加先期實驗計畫的教師和學生的意見與評價，將快樂教學和快樂學習納入課程元素。 ・公開表揚支持課程改善計畫的教師和系所。
系所的侷限	・院長／教師評議會委員必需支持各系所主任對課程的變革計畫。
・各系過於關注自己特殊學科的學習目標，以至於忽視了整體的教育目標。 ・如果教師的活動沒有利益回報，系所的預算難以支撐教師在跨學科計畫中的工作。 ・系所主任們對於資源只用於教育會有意見。	・各系所要制定更清晰的教育計畫，使之既重視總體培訓目標，也注重特定科目的學生學習目標。 ・透過課程中諸多學科概念，使系主任能更了解並認同各種縱向、跨學科計畫的制定。 ・確保醫學院能支持跨學科變革。 ・公開表揚系所對新計畫的貢獻。

續圖 4-9 **測試集體主要假設的正確性**

| 學院的侷限

· 即使有認同和獎勵教學努力的學院資源和機制，仍不足以支撐教師提出更多跨學科計畫的要求。

· 學院的行政部門無法一直給予權力和資源去支持更廣泛的教育目標。 | · 設計一個重視協調和規劃的教學活動，也重視教師參與跨學科先期計畫的報告指標。

· 確保各項教學工作（包括教師培訓、促進團體、學生評估的時間），在推廣過程中充分得到認可。

· 設計一個同儕教學互評的系統。

· 記錄教師的付出和教學成果，讓系主任及教務主任知曉。

· 學院在一定程度上要支持教師實施課程變革先期試驗計畫。 |

續圖 4-9 測試集體主要假設的正確性

善什麼，而是要獲得訊息，尤其是這些假設的正確性。（見圖 4-9）

在圖 4-9 中，這些測試由一組先期實驗構成，變革者坦言，比起其他學校一針見血的劇烈式變革，他們的謹慎可能會讓變革速度過於緩慢；然而他們相信，「用收集的數據來支持或拆穿這些重大假設的合理性，並給學院的教育和基礎建設管理調整的空間，才能使變革一直持續下去。」

那麼這種一開始緩慢，最終卻快速而且持久的方法，效果又如何呢？學院發現：

● 令反對者非常驚訝的是，竟有十八個系、八十多位跨學科老師（包括六位系講座教授和四位系主任），志願加入第一年的教學與成績評估，並參加培訓。他們對教師的工作和新教學技巧進行互評，並以書面方式發

給系講座教授傳閱，大家都很認同這種評量晉升資格的方式，。接受變革計畫的學生更是充滿熱情、備受鼓舞。

● 從支持性的前期計畫中獲得的正向經驗，嚴重挑戰了組織內幾個假設的正確性。教師與學生（使用同儕與自我評估的方式）都可以在評估專業能力時，使用績效標準，從團體追求的主動學習中獲益，並樂於在多樣的課程與輔導中整合和應用觀念。參與的教師們也熱烈支持推廣前期計畫，並提議在此訓練的脈絡下，擴充教師在教學與評估的發展性。

● 這些前期計畫有效地測試了組織內的重大假設的正確性，也平息了變革前的恐懼和預感。大多情況下，他們都證明了對變革無效的擔心是多餘的。堅持己見、反對變革的人逐漸被其他人孤立，因為他們的反對意見都是建立在預先的假定上，而非不斷更新的數據上。

當參與者開始克服該學院的變革抗拒後，教師的努力目標逐漸從「測試重大假設」轉向「持久的變革」：

在前期計畫開始的第一年，大多數教師投票贊成削減傳統課程和輔導的授課時間，改為增加學生獨立學習的時間。而跨學科和縱向課程擴大安排至大學前三年；指導的臨床實驗延伸至大二。

前期計畫成了正式課程的一部分後，新增的額外的計畫整合了臨床訓練計畫的學習教材，並配合臨床技能教學，預計在大三培養跨學科的臨床經驗。

所有相關課程改變的努力，由一位主管行政業務工作的新副院長負責，這位副院長的辦學理念與教師為學院制定的未來目標互相呼應。

在使用了克服變革抗拒的方法之後，鮑爾及其夥伴做了一個總結：

這次的變革明顯地影響了我們學院的教育文化，使我們逐漸往替代性教學方面努力。對於指導性教育目標的奉行（第一欄）、跨學科教學、

主動學習與統合方面，教育文化的改變與替代性教學使得變革成果得以持續，也促使教師們有了更大的進取心。最重要的是，這次行政領導力變革的成功，要歸功於教師們的團結一致，過去課程變革之所以失敗，就是因為教師們無法同心。

本章的主要參與者們成功診斷出各自的變革抗拒，並努力克服之，使這些團體能變革成功。之後的章節，我們將仔細分析另外兩個個人單獨克服變革的過程，其中個人層次引發的痛苦定能激起你的共鳴。

接下來，我們要介紹的是克服變革抗拒過程中最有效的方案：在團體盡心努力下，迅速接受個人的變革挑戰，以改善整個團體的表現。希望你讀完這個部分之後，能跳脫存在於我們文化中，限制我們的某些重大假設，諸如「人外在呈現的樣子，就是他們真實的自己」、「人到了三、四十歲，就不可能再改變了」等假設。

領導者如何克服
對「授權」的抗拒
大衛的故事

　　如同許多資深經理人說的，所謂的「授權」是指：適時合宜地善用工作者的時間、技能和知識。有技巧的授權能讓每個人有更多成長的機會。攬權不授，不僅侷限了現有知識的運用與未來知識的開發，更使得少部分人力被過度壓榨，進而對工作產生倦怠感。只要看看管理相關的文獻，就會發現：妥善分配人力與工作分工，正是提升員工士氣與效能的關鍵。

　　有不少書都提過很實用的授權建議，例如羅伯特‧海勒（Robert Heller）的《如何授權》（How to Delegate）、傑洛德‧布雷爾（Gerard Blair）的《啟動管理：基本技能》（Starting to Manage：The Essential Skills）都清楚地指出，如果授權對你來說是一項挑戰，那麼依循書中建議就能讓你輕鬆學會授權，然而我們覺得對大多數人而言，「授權」其實為是一種漸進式的適應過程，或是一項長期發展任務。

　　大衛現在正面臨同樣的困境，他原來是公司裡相當傑出的工程師，最

近剛被拔擢為總經理，對於如何授權傷透腦筋。接下來讓我們來看看大衛如何面對他的新角色，尤其是授權這個部分。

大衛對「授權」的抗拒

半年前我們第一次跟大衛見面時，他剛升上總經理，當時不僅是他自己，每個人都對他充滿期待，一切看起來都很順利。儘管如此，他卻覺得那是他工作中最受打擊的時期。他一開始便設立了一個符合我們標準的目標，他對這個目標十分重視，決心以此不斷努力。

大衛的首要目標是「集中火力在少數關鍵專案」，由於行程的關係，他將主力放在幾個月前就開始執行的案子上，但緩慢的進度讓他傷透腦筋，也讓他開始思考授權的必要性。大衛其實很清楚自己該做什麼事，那就是：明確表達他期望的績效是什麼、接受不同的工作方式、挑戰他人的思考方式與邏輯、把小錯誤當成學習的機會。

有鑑於授權已成為許多管理者的共同的問題，我們就以大衛為借鏡來探討這個議題吧！「幕後領導」、「賦能充權」、「參與領導」、「從領兵上陣邁向居高指揮」等管理技巧，其共同特徵正是「授權」。

然而，授權的複雜程度相當高，正如圖 5-1（見第 133 頁）所示。當大衛完成了圖 5-1 中的第二欄「做了什麼／沒做什麼」後很快就發現，他的行為與期望的結果不符，例如以下三種行為就讓他無法「集中火力在少數關鍵專案上」：

- 新的目標與挑戰總是分散我的注意力，並成為下一件待辦事項。

- 我會為了工作犧牲下班後的時間（如睡眠、家庭聚會和興趣培養）。

- 難以權衡「緊急」和「重要」兩種事件的順序。

1. 目標	2. 做了什麼／沒做什麼	3. 潛藏對立想法	4. 主要假設
・集中火力在少數關鍵專案 ・授權 ・清楚說明期望的績效 ・接受不同的工作方式 ・將小失誤視為學習的機會 ・挑戰他人的思考方式與邏輯	・新的目標與挑戰總是分散我的注意力，並成為下一件代辦事項。 ・我會為了工作犧牲下班後的時間。 ・難以權衡「緊急」或「重要」事件兩者的順序。	・（害怕錯失良機，擔心工作成績落後）我已成為獨立且有能力做任何事的人。 ・（害怕讓團隊失望，從不優先考慮自己立場，以避免罪惡感或自私）我會犧牲小我。 ・（我無法接受事情做到一半先放著）我會想辦法完成所有的事。	・如果我依賴他人的協助，或無法完美地完成所有工作，就會失去他人的尊敬。 ・如果先考量自己的立場，就會被視為自私自利、膚淺不重要的人。 ・若不完成所有工作，會有損我的價值與貢獻。

圖 5-1　大衛最初的變革抗拒地圖

以上與授權意願正好相反的行為，都和「從不開口請人幫忙」有關。

他比對了圖 5-1 第一欄與第二欄的結果後，發現自己的行為和關鍵目標背道而馳。於是他開始思考這些行為的意義，並發現第二欄的行為準確呼應了「潛藏的對立想法」（也可說是大衛的恐懼）（見圖 5-1 第三欄）。

舉例來說，接受新的目標和挑戰、承接更多的工作而且不開口求助，無不展現出他是個「獨立」、「什麼都能做」、「工作到無私忘我」的人。他認為如果不這麼做，就會被視為依賴他人且有點自私。

大衛之所以會這麼想，是受到他的預設立場很大的影響，他認為如果

不能凡事親力親為，就會失去別人對他的尊敬，甚至會被認為他是個只會做表面功夫、無足輕重的人，而這種人恰巧是他最討厭的類型。

完成了圖 5-1 之後，大衛就常常拿出來檢視。某天當他再次審視這張表時，忽然驚覺第三欄中所列的「潛藏的對立想法」內容，其實是「一般工作者」需要具備的態度，而不是要同時完成許多任務的「高階主管」應有的態度。

於是他接著寫下「（我害怕放棄最初對工作態度的看法）我想忠於自己的出身：一個盡責的藍領工作者」。然而，這個根深蒂固的想法正是關鍵所在，圖 5-1 反映出大衛尚未理解「授權」的意義是「讓別人來做你的工作」，也不明白這不是出於自私或懶惰。了解「授權」的真諦，就是大衛最重要的功課。

大衛在圖 5-1 第四欄中寫的三個假設，與他對「一般工作者應有的工作態度」的認知完全符合。這一瞬間他突然明白：他太執著於過去自己所敬佩的工作態度，認為成功的領導者也應該具有同樣的工作態度。

因此，他的首要任務就是區分一般工作者（藍領）與管理者（白領）的不同。簡單來說，藍領員工必需事必躬親，然而白領員工雖不需如此，卻需要具備知人善任的能力。他意識到自己過去認為行動比思考更重要。因此他加入了另一個預設：「對於公司內的工作，我無法樣樣自己執行，我是個居上位的管理者」。

因此，總結這些預設，他寫下了：「我相信什麼都不做的管理者一文不值。如果我不能什麼都自己來，我就是個自私、懶惰、驕縱，連自己都看不起自己的人」。從大衛的信念來看，不難發現為何他會有這些行為，以及他內心對於授權的掙扎和拉扯。

這樣的信念系統，確實能防止大衛成為自己心目中厭惡的人，他的確

不會變成自私、懶惰、驕縱的員工，而是一位人人眼中勤奮的工作者，他認為這種工作態度應該適用於任何職位。

　　所以，大衛最大的挑戰就是適應新的工作角色，因為這攸關他的自我認同。授權訓練與學習新的技術或手藝有很大的不同（或許對某些人來說很像），這就是大衛無法「聆聽前輩們的授權建議，就學會如何授權」的原因。教人如何授權的技巧與步驟，無法傳達出授權背後的意義與精華，儘管大衛再聰明、動機再強，也無法完全領會。

　　在大衛和我們一起探究的過程中，我們發現「自我形象」與「自尊」是導致大衛無法充分授權的重要因素。長久以來，獨立完成困難任務給了大衛強烈的優越感，他提到：「獨自完成艱難、有價值的任務，會強化我與其他人間之連結，因此我願意接下沒人要做的工作，好讓別人對我刮目相看，如此一來，別人就會認為我是一個『能幹、會解決問題，而且值得尊敬的工作者』。」

　　上述內容強化了大衛「想成為怎麼樣的人、避免成為怎麼樣的人」的想法（正如圖 5-1 第三欄），他希望自己在公司核心團隊成員眼中，是一位重要、有價值、前途看好的員工。

　　直到此時，我們對大衛的困境（也是轉機）才有了更完整的了解。這個困境就是：「大衛在『授權』與『放棄原先對優秀工作者的認同』之間掙扎，內心對於自己是誰，包含原有的價值觀、信念、好惡產生了衝突與動搖，因為他想成為一位知人善任的管理者」。這樣的心態讓他陷入兩難，他只能在「堅持捍衛己見」與「調整並學習授權」之間二選一。

　　當然，大衛也可以選擇漸進的方式，以不同的角度來看自己，他不只是一個勤奮的工作者，授權也是他工作的一部分。換句話說，大衛開始逐漸將「授權」融入自己的價值觀，內化為自我的一部分。

然而，大衛真的能同時保有自我，又成功授權嗎？半年前初次與我們見面的大衛無疑是做不到的，但現在的大衛卻肯定地告訴我們，他做得到。

大衛如何克服內心的變革抗拒？

在成為一位能授權的管理者之前，大衛做了什麼改變呢？簡單來說，他就像是從「工匠」轉變成「建築師」或「開發者」。現在他是以授權者的身分來經營團隊，他視自己為「建築師」，花很多時間在規劃與建立制度上，他重新定義了自己正確的任務：擬定執行策略、規劃人力與其他資源。

這個嶄新的定義對團隊和大衛都有深遠的影響。大衛重視不同層級間公開、公平、責任共享的互動原則。在團隊運作方向的溝通上，投入了大量的時間，以確保「每位成員都明白理解自身工作的內容與意義，且能齊心協力讓公司更好」。大衛特別強調溝通必需透明化，他指出：「這樣的溝通方式可以讓我清楚掌握事情真實的樣貌，不用耗時費心臆測。」

大衛現在對授權已經能運用自如，他最常問自己的問題就是：「團隊中誰最適合擔任這項要職？」「哪位成員現在可能需要支援？」他確實找到了「接受不同工作方式」與「維持優秀的工作標準」之間的平衡點。

這樣的轉變對工作產生了很大的影響：「我會挑戰其他人的思考邏輯，但也會接受挑戰，訓練每位成員都有能力順利解決困難。」甚至促使團隊成員也學會了授權。此外，他還強調：「面對問題時，成員們不僅能想出與團隊目標一致的解決方式，也會提出不同的見解，建議我該怎麼做，才能使我們都更進步。最令人高興的是，成員們願意給我不同的建議，這比起我一個人苦惱好得太多了。」

「工匠」只需要專注在自己的任務上，而「建築師」卻必需同時顧及

所有成員的能力與發展，才能順利完成目標。這個轉變並不容易。大衛提到：「雖然我很重視團隊的產出，但有時候我看到別人因為我的授權，而有機會成為耀眼的英雄時，確實會有一點不是滋味。因此，我必需調整預設，並認清一個事實，那就是：面對同樣的任務，有人可能比我更擅長、做得更好。」

這段描述顯示出大衛的蛻變，他不再執著當個別人眼中的明星員工，但仍然可以找到讓自己耀眼的方式，那就是創造其他人嶄露頭角的機會。這就是他現在的自我認同。

現在大衛能在工作崗位上表現傑出的關鍵就在於：他重新定義了他真正該做的工作。如果他繼續將「授權」當成是利用他人來完成自己該做的工作，那他就會一直感到愧疚與充滿罪惡感，認為自己是一個自私、懶惰、甚至是背叛團隊成員的人。如果這麼看的話，授權應該歸到「教人如何引誘他人幫自己做事、怎麼背叛他人的異端邪說」中，而不是「如何讓公司更有生產力的研究」中了。

然而，授權的意涵顛覆了大衛原先的想法，現在他不再認為授權是在利用別人，而是確實賦予他人完成工作的責任和權力，自己轉而負責協助他人在工作中有所學習與發展，培養能力承接新的目標與挑戰。他說：「我覺得找到讓員工更有效率完成工作的方法是很有價值的，而他們的成功就是我的驕傲。」

雖然大衛的改變很大，但他仍對自己感到驕傲，關鍵在於他重新定義何為令人尊敬的工作。大衛認為有能力規劃公司營運方向、給予正確的指示、恰當地分配資源，成為成功的領導者是很光榮、很值得尊敬的。「我相信領導者不僅要思考和規劃自己本身的工作，同時也要了解公司整體狀況，有效調配資源」。

從大衛的言談中，可以聽出他已顛覆了原先對工作的假設，不再認為只有事必躬親才有價值、才值得尊敬，而是認為能夠綜觀全局，了解員工該如何合作產生效益，才是影響力巨大的工作。

然而，調整與建立價值觀是很複雜的心智活動，對大衛來說，親自完成每項任務，仍然深具意義與價值，但他擴大了自己對「價值」的認知，將「成為一位授權者與領導者」也包含其中。從前，大衛認為所謂的「領導者」就是：白領階級、高高在上、沒有貢獻、袖手旁觀、脾氣很大；而「藍領階級」則具備所有好工作者的特質。儘管大衛聰明又心思縝密，但在他的內心深處，仍以兩極化的態度在看待這兩類工作者。

所幸大衛的授權能力隨著他的觀念轉變而漸入佳境。他重新審視自己的工作，並認為自己的心智已昇華到更高的層次，他跳脫了「藍領階級才是好員工」的框架，認為好工作者的定義會隨職位而不同，領導者與藍領員工不再是兩個極端，他們可以同時都是好工作者。

大衛現在對「授權」得心應手的程度，超過原先預期。在這個過程中，收穫最大的莫過於他改變了工作的方式與習慣，雖然不再堅持事必躬親、今日事今日畢，卻仍不違背原本勤奮工作的原則，允許工作方式更有彈性，維持對自己的尊重。顛覆既有窠臼，把握改變的機會，才能脫胎換骨、邁向成功。這個轉變超越了原先漸進式改善的目標，內化成了大衛的工作方式。

我們跟大衛聊到最後時，他剛剛得知自己的提案被老闆接受了，這個提案將帶來可觀的利潤。他興奮地說：「在我仔細思考規劃後，勝利離我們愈來愈近了！」

🔓 大衛抗拒轉變的關鍵與方式

在我們與大衛相處的數個月裡，讓大衛有這麼大變化的關鍵力量究竟是什麼呢？首先，外在職位的轉變是促使他改變的第一股力量。經理人與工程師要面臨的挑戰大相逕庭，若遵循以往的工作方式，大衛必會不堪負荷、力不從心。

目標	首要步驟	重大進展	結果
· 我想學著將工作授權給其他員工。	· 向團隊成員說明我改變的決心，以及授權的原因與方法。 · 用角色扮演的方式整合人力資源，了解他們即將面對的任務或即將承擔的責任，並且了解他們的看法。 · 在執行任務前，依執行步驟的難易度、重要性、須具備的能力列出清單。 · 按月檢討進度和調整計畫。 · 以半年為一期，評估績效和領導成效。	· 團隊成員確實感受到領導方式的轉變，以及對他們工作的影響。 · 藉由角色扮演，每個人都體驗到授權與被授權，了解其重要性且能互相信任。 · 團隊成員能感受到我對公司永續經營的決心，清楚公司營運方向並互相監督。	· 我能掌握任務進度，並確認每個工作細項都有意義。知道接下來我該做什麼或該授權給誰。 · 團隊成員不怕承擔更艱鉅的任務，並在被授權前，自動分配工作。 · 我能輕易了解市場狀況、策略執行成效和整體表現。

圖 5-2　**大衛的「漸進發展」**

大衛的第一次調查

大衛希望自己能成為一位懂得授權的主管，並設法在改變的過程中減少衝擊，提升成功率。

您是被大衛選為接受這份匿名調查的人員，希望您能如實回答以下問題。目前大衛的自我評價顯然不太好。非常感謝您願意花十五分鐘來完成這份問卷，我們將在六個月後，再向您做第二次同樣的調查。

1. 大衛想學習成為一位能授權的管理者。你覺得目前大衛對你的授權做得怎麼樣？

　　　　1 2 3 4 5 6 7 8 9 10

　　　　1 ＝很差　　10 ＝非常好

2. 就你個人的觀察，大衛對其他人的授權做得如何？

　　　　1 2 3 4 5 6 7 8 9 10

　　　　1 ＝很差　　10 ＝非常好

3. 建議：請舉幾個簡單的例子說明上述的狀況。

4. 你認為大衛成為擅長授權的人是件很重要的事嗎？

　　　　1 2 3 4 5 6 7 8 9 10

　　　　1 ＝一點也不重要　　10 ＝非常重要

5. 請具體說明為何您認為這件事重要／不重要。您的意見對我們極為重要，非常感謝您願意花時間填寫與說明。

圖 5-3 **大衛的調查表格**

　　這也讓大衛開始了解了自己抗拒改變的原因（這是最關鍵的一步），並且試著先揭示改變的決心再行動。關於行動的部分，他補充道：「當時我坦誠地向員工說明，我先前在授權方面做得並不好，歡迎他們和我討論自己的想法，我用公開保證來揭示我的決心。」

　　大衛運用兩項轉變抗拒的工具，他先完成圖 5-2「漸進發展」（見第139 頁）的內容。填寫第一欄「目標」後，再規劃詳細的執行步驟，並列出每個步驟的考核點，以確定目標能達成。大衛相當重視他和團隊成員之間的關係（強調自己與成員間的溝通，並規劃各種活動，鼓勵員工勇於建言，以共同達成目標）。

　　幾週之後，大衛請團隊成員填寫一份簡單且匿名的「變革抗拒程度調查」（如第 140 頁圖 5-3 所示），來了解成員對授權的想法。他編組了一個六到八人的團隊，這些人不一定是工作上的同事，而是他身邊最容易察覺到他的變化、感受到他對目標付出努力的人。

　　一般而言，這份匿名測驗必需在任務開始與結束時，各進行一次。根據這份測驗的結果，我們統計出：外在變革可以引導公司達成目標。第一次調查結果可以確認是否找到有價值的目標，而第二次調查結果，則能認清實情，免於自我欺騙。

　　這份調查創造出大衛成功過程中內在與外在的觀眾，因為當我們鄭重宣布改變的決心時，就會因在意別人的眼光，而更堅守承諾。對公司而言，這份調查則能讓員工體認到經理人很認真在經營公司。一般來說，很多行業的工作者都因為參與了調查，而更加關注公司的運作與發展，並提出有建設性的意見。

　　大衛在準備改變領導方式後，進行了第一次調查，他發現最初努力的

工作方式相當有效，值得延續。在這個過程當中，他得到了很大的啟發：「我現在能接受自己和員工用不同的方式去努力、進步與改變，包括能確切說明改變的開始與結束時間，以及充足的脈絡資訊。回想過去，我之所以充滿無力感，是因為我認為隱藏資訊，在大家搞不清狀況時再挺身而出，就能成為員工心目中的英雄，但顯然不是這麼一回事。」

這些突破心防接受改變的工具，能讓人看清自己過去的盲點，意識到從前失當的地方。如同大衛認為過去的自己就像在作弊一樣，故意不給別人充分的資訊，刻意提高任務的困難度，最後再以英雄之姿破解僵局，進而成為大家心目中的救星。

大衛的例子充分展現了由抽象到具體的改變（見第 139 頁圖 5-2 第三欄），大衛剖析主要目標（見第一欄），將之具體化，轉成可實現的步驟（見第三欄），並逐一落實，藉此達成目標。此時，我們協助大衛與員工堅定改變舊思維的決心，就像大衛不再刻意隱藏資訊，不再讓任務困難重重、使員工受挫與失落，而是公開所有資訊，讓員工有充分的準備，自己戰勝困難，達成目標。

回顧過去六週的轉變，他提到：

最初我的假設有幾個主要的想法：首先就是堅持親力親為的必要性，我認為如果不能親身完成每件事，我個人就會失去價值，變成一個無所事事的高階主管。當時我認為一個好的領導者，更要親手完成自己及團隊中的任何事。

因為這種思考邏輯，我成了一個無法授權，或只要一授權，與員工的溝通就會癱瘓的領導者。當我意識到這一點時，我決定改變自己的行為，如同圖 5-2 所示，如今在很多方面，我都從「首要步驟」變成了「重大進展」。

從調查結果來看，我相信我的改變已經超乎大家的預期。對於授權，我已經不再恐懼，也逐漸駕輕就熟，而且每天都會檢視是否還有什麼工作需要授權。

現在大衛很清楚自己的心態，包含自己之前不欣賞的工作態度。他提到自己在授權時內心的感受：

這是一種相當複雜的感覺。或許親力親為可以讓我成為別人眼中的工作強人，但現在我認為這種想法有兩個危險的謬誤：第一，我認為完成任務的方法就是事必躬親；第二，我做得比別人好。但實際上是別人做得比我好！

這個事實真是令人憂喜參半，喜的是我的團隊績效比我一個人工作時的績效還要好，憂的是我製造了讓別人出頭的機會，而他們確實做得比我想像的更好。所以，我最初「我會做得比人好」的假設很顯然是錯的。

此外，他還發現自己的領導理念有些不一致的地方。他提到：

我最初的領導理念是：好的領導者必需親身做好團隊中每一件大小事。但弔詭的是，如果我大小事都要插手，例如甄選有潛力的員工，並且持續栽培他們，那麼有一天他們的能力可能會超越我，我就不再是最好的，而他們的績效也會比我親力親為來得好。

另一方面，大衛認為學會成為一個好的授權者，是件令人振奮的事。最大的成就感在於：突破過去對授權有限的理解，以及未能知人善任的限制。大衛以三十六個團隊成員的專才為基礎，建立了「能力基礎資料庫」。他詢問每位成員：「如果就目前你所具備的能力，賦予你一項任務時，我該提供哪五項資訊，會對你最有幫助？」以下是他獲得的回饋：

這是一個相當關鍵的問題。每位成員提出的需求都不一樣。例如：對

143

客戶資訊瞭如指掌的蘇珊，很了解任務的脈絡，但若能提供她更詳盡的任務規畫，像是怎麼做、為何這麼做之類的訊息，她就能做得比現在更好。

舉例來說，過去我請她打電話給某些重要客戶時，她常把工作拖到隔天，但後來我告訴她這十通電話的重要性時，她竟然在下午三點前就提早完成。

在願意開始授權之後，我的新挑戰是「讓授權的影響力更穩定」。在「授權」方面，目前我還只是個初學者，真正的授權是要根據每個下屬的需求和能力來授權，在這方面我尚有不足之處。因此，我必需學會用他人能接受的方式來溝通，讓授權更為個人化。

大衛改變了自己原先對授權的心態，他認為有效授權給下屬，可以讓他成為更有價值的領導者。他說：

我發現任務狀況愈是模糊，愈能發揮我的價值。因為成功的授權需要清楚界定工作內容和績效期望，這會促使我去熟悉、了解整個任務狀況，包含團隊的能力限制。

我們團隊每年都會討論來年計畫，討論的方式很多種，天馬行空、無邊無際的漫想也是一種，但這個方式最後只讓人疲憊且失焦。然而，若我能在這時候提出具體、清楚的方向，大家就會齊心協力達成目標。尤其在必需授權給許多人的狀況下，清晰明確的指示是非常重要的，這也是建立領導者價值的好機會。

🔓 心態與行為是大衛改變的關鍵

在大衛成功學會授權之後，新的問題也接踵而至。許多員工在被授權後，會提出「你究竟希望我們做什麼呢？」之類的問題，設法要理解執行

方向。這樣的提問，讓大衛開始思考如何成為一位領導者，以下便提出三項大衛認為領導者該做的事情：

● 吸引與培育有才能的人，讓我們做得更多、更好。我該做的就是，明確知道誰能化解即將面臨的危機。

● 提供執行方向。

● 向公司爭取資源。

其實大衛在學習成功授權的同時，也一面在實踐上述三項行為，努力扮演好領導者的角色。還記得圖 5-2（見第 139 頁）第一欄的內容嗎？大衛一直以來的目標：「集中火力在少數關鍵專案」。直到現在，仍有一個懸而未決、飽受爭議的論述：「是心態改變行為，還是行為改變心態」，從大衛抗拒變革的歷程中可以發現，心態與行為是相互影響的。

具體來說，在變革過程中，某些行為促使大衛改變目前心態，又因心態轉換而提升績效，再次強化心態的再造，進而跳脫從前的認知，賦予「好工作者」全新的定義。

當然這並不容易，也需要時間。大衛坦承身為領導者內心的掙扎與衝突：「理智上我明白授權和給予方向是我該做的事情，但情感上我覺得我付出的不夠多，因為我骨子裡還是認同事必躬親、親力親為的概念，所以我覺得有些矛盾。」

接下來幾週，我們將觀察大衛在執行「領導者該做的三件事」時的心理變化。此外，我們也請他回顧過去六個月來的行為，列出不符合上述三者的行為。據此，他可以進一步理解，符合與不符合的比例、符合的比例是否有上升、不符合的原因是什麼，以及如何減少這些行為。

這項任務是大衛第二個轉捩點，根據這些分析內容，他認為自己至少

有 75％的時間花在執行三項領導行為上，並覺得「制定策略與人力資源配置」很值得花時間。以下是他對自己花在各方面的時間與行為的分析。

● 花在制定公司策略的比例為 25％。其中有一半的時間在做觀念協調，著重在取得共識而非解決問題。

● 花在人力資源的比例為 25％。我花很多時間與每位員工討論他們的發展規畫，同時也思考要如何運用團隊的優勢與人才，才能與組織目標一致。我覺得這件事情很值得投入和經營。

● 花在任務上的比例為 25％。這部分的工作相當多元化，包括我自己的日常工作，以及撰寫對外發表的講稿，或與客戶溝通時的說明等特殊事項。過去六個月至今，這部分的時間似乎有增加的趨勢。

● 至於白白浪費時間的比例為 25％。我偶爾還是會忍不住去做一些，明明別人可以做得比我好的事，或被一些與公司策略無關的新奇點子所吸引。當然，彌補先前工作缺失也浪費了不少時間。現在我決定找出導致失誤的原因，避免再犯同樣的錯誤，以提升工作品質。

大衛為了成為一位有價值的領導者，投入了很多心力，時時停下來檢視自己的行為和心態，並改善缺失，這點相當令人激賞。此外，他在和員工的聯結方面，也有了很大的改變，他提到：

我意外發現許多重大改變都跟「有效溝通」有很大的關係，也就是設法讓他人理解並同意我的看法。我們沒有建立特定的溝通機制來討論變革，但會透過詢問每位成員的理想與目標，了解他們的想法，來獲取重要資訊，我和我的助理會不時關注員工的工作與個人狀況。

我覺得這樣的訊息相當可貴，而這就是我與人的相處之道。其中最大的改變是：建立公開透明的溝通原則，真實呈現任務的進度與狀況。

大衛重新定義自己的價值在於：成為一個領導者。這個新的自我認定讓他將心智與行為提升到更高的層次，更放心讓部屬擁有工作的自主權。他認為：

如果團隊成員不知道自己該如何、為何執行手上的任務，團隊就無法齊心協力朝正確方向前進。所以，溝通是值得投入時間的，我也因此更確立自己的價值。我不斷告訴他們：你們要勇敢做決定，不要只會請示意見，但要讓別人知道你在做什麼，讓大家一起來關注這件事的發展。

這種溝通方式得到了極佳的回應，成員們告訴我：「能讓我們自己做決定真是太好了，其實我們一直很期盼有機會參與決定。」更棒的是，有很多人願意為公司的未來設想，紛紛提出不同的建議，希望能有所貢獻。對我來說，這是很大的鼓舞，這個改變比起完成個人的工作來說，更有成就感。

當我們再次問大衛：「當你在執行這個領導者的職責時，你心裡的感受是什麼？」時，這次他給我們的答覆是：「我感覺到原有的假設被各個擊破，就像是走出畫框來看一幅畫一樣，能用更獨立超然的眼光來審視一切，我已走出了自己原先的侷限。」

大衛的故事給我們的啟發是：固有的思考方式，確實可以讓人避開某些危險。但在面對新挑戰時，除了堅守有價值的核心概念外，跳脫窠臼、擺脫慣性也是必要的。我們的心智模式是由認知與情感組成的，大衛的改變歷程說明了：挑戰自己原有的價值觀，並融合新舊價值觀，能讓我們的靈魂更有彈性、思考更為活絡。

值得一提的是，大衛的改變並沒有讓他脫離原有的價值觀，而是以一種全新的、更緊密的方式結合了新舊價值觀。整體來說，他從被價值觀駕馭，走向內化價值觀，使之成為個人心智的一部分；從仇視、看不起領導

者的角色，走向認為領導者是一個「有價值、能讓藍領工作人員看見自己的未來」的角色。

在許多組織中，我們常聽到部屬抱怨領導者不願傾聽他們的想法，覺得他們沒有價值，也不重視他們，但大衛絕不會犯這樣的錯誤，他是一位願意傾聽部屬心聲的優質領導者。

第6章

個人如何克服情緒失控
凱絲的故事

　　凱絲在一家全球知名的藥廠擔任行銷業務，才能和熱情兼備的她，在工作上的表現相當傑出。但凱絲對工作中的障礙和困境相當敏感，時常為此感到焦躁且倍感壓力。雖然她是團隊中不可或缺的一員，卻也是一顆不定時炸彈，上司和同事們都認為，如果她能掌控好自己的情緒、做好自我管理，絕對會是職場上的佼佼者。

　　凱絲的變革挑戰和大衛的一樣具有代表性。她的變革目標相當廣泛，涵蓋了許多自我管理和情緒掌控的議題，諸如「控制情緒」、「低調行事」、「不對號入座」、「包容更多觀點」、「善用對工作的熱誠」、「不過度反應」、「找到情緒和判斷力的平衡點」、「不過度情緒化」等等，都是她希望能有效改善的項目。

　　由於凱絲的工作型態是以團隊為主，因此她的變革有團隊的大力支持，同事們時時鼓勵她，使她的變革更為成功。以下就是凱絲意識到自己正是高壓生活製造者的過程。

🔓 探究凱絲無法控制情緒的原因

凱絲在變革地圖第一欄「變革目標」中寫下：我希望團隊成員或任務進度不如我的預期時，我能將情緒對我的干擾降到最低，做到對事不對人。這樣不僅能幫助我掌控自己的情緒，也穩定團隊氣氛。」

情緒失控一直是凱絲很大的困擾。儘管她明白憤怒必需付出代價，對身心健康和團隊績效都有很大的影響，甚至會產生工作倦怠，或干擾團隊正在進行的計畫。但當她發現別人對她的緊張焦慮視而不見時，更是讓她火冒三丈、壓力倍增。

由於凱絲是行銷團隊的成員，工作性質是以團隊為主，因此她的變革目標和團隊息息相關，其中最重要的一環便是與團隊成員間的情感。凱絲很想知道：自己過度情緒化的反應，是否已經造成團隊的困擾？團隊成員會不會支持她學會情緒管理，以及視「改善自己與成員關係」為變革的首要目標？

就像大衛一樣，凱絲也運用了我們提供的策略與工具，來克服自己對變革的抗拒。凱絲的工作性質是以團隊為主，因此團隊成員是給她意見的主要對象，讓她確實了解變革的目標能否有益於她自己和團隊，也能讓團隊成員評估她目前的狀況，以及實現變革目標的程度。

團隊成員初步對凱絲的評估結果，和凱絲的自我評估相當一致，但仍讚許凱絲對工作的熱誠和活力。以下是團隊成員對凱絲的看法：

「整體而言，凱絲的狀況很不錯，然而一旦事情發展不如預期時，她很容易情緒化，而讓行為失控。雖然她表示自己是因為擔心任務狀況而按耐不住性子，但她失控的情緒化行為，已經成為她最大的特色。」

「我們都認為凱絲是一位相當有經驗、有能力、有潛力的行銷人才，

所以在她不那麼情緒化時，和她討論任務內容是相當輕鬆舒服的。我們能專注於她的建議，而不受她提出建議的態度影響。我還是想再次重申，凱絲正面的情緒力量為團隊帶來了活力，對團隊有很大的貢獻，這是非常珍貴的。」

「凱絲的工作能力很強，總是能用最有效率的方式，將工作做到盡善盡美。不過，雖然有些人讚許她主動承擔其他成員做不完的工作，但這其實阻礙了他人學習成長的機會，也讓她自己工作過量。因此，我認為她必需學會和別人溝通她所期望的目標，雖然這需要花點時間，但就長遠來看，是相當值得的。」

「凱絲對工作和團隊的投入和熱誠，以及帶來的正面力量是不可否認的，她的努力激勵了很多團隊成員，更為團隊注入了活力，對團隊來說是很珍貴的資產。所以，如果她能在情緒管理上做得更好，了解負面情緒對團隊成員的影響，那會對整個團隊會有很大的幫助。」

凱絲很感謝團隊成員們提供了有用的意見，指出情緒雖然是她最需要改進的地方，卻也是極具價值的資產，亦點出她確實如同自己所想的，她不是那麼容易親近的人。根據這些資訊，她再次將改善目標設為「提升情緒掌控能力及表達方式」，如圖 6-1 所示。

1. 目標	2. 做了什麼／沒做什麼	3. 潛藏的對立想法	4. 主要假設
・我決定提升情緒掌控能力以及改變表達方式。	・被情緒淹沒。 ・反應過度（快速且強烈）。	・不計代價盡全力做好每一件事。	・如果我的表現不夠好，讓團隊成員失望，他們就不認為我是一個好團員。

圖 6-1　**凱絲的抗拒地圖**

· 具體來說，就是團隊成員或任務進度不如預期時，我能降低情緒對我的干擾，做到對事不對人。 · 我相信這樣能幫助我掌控情緒，也能穩定團隊氣氛。	· 不曾停下反思，試著去了解自己的感受。 · 直到發洩情緒後，才意識到對後續情況的影響。 · 從來不尋求別人的幫助。 · 從不說不。 · 只要看見我認為該做的事，就會親自去做。 · 對追求高品質毫不讓步。 · 不會分辨事情的輕重緩急，全部一視同仁。 · 長期讓自己工作過量。	· 致力成為一個團隊中十項全能、最可靠的人，儘管這可能耗盡我的能量，或最後拖累團隊進度。 · 遇到困難時，我盡量自己解決。不輕易和別人討論（具體來說，我不求助，也不會說不，更不會說自己辦不到）。 · 以上所有的潛在對立目標配合上對工作強烈的熱誠，常讓我處於精神緊繃的狀態。而這個狀態會持續到身心負荷超載、情緒宣洩後，才得以解除。	· 如果我覺得自己表現得不夠好，我就會認為沒能竭盡全力幫助團隊完成工作。 · 每個成員都應該要對工作有百分之百的熱誠。 · 我認為自己永遠可以做得更好。 · 寧可竭盡心力，也不願有所保留、不完全發揮實力。 · 如果我無法成為團隊中的靠山，就會失去大家的信任。 · 我認為自我形象是靠自己的能力建立的。 · 一旦對別人說「不」，會有損我的形象。 · 無論在任何情況下，都應該好好掌控自己的情緒。

續圖 6-1 凱絲的變革抗拒地圖

　　凱絲的變革抗拒地圖看似是一份不可能的任務，因為所有內容主要在表達：她想傾全力掌控每件事。

　　首先，我們可以將第二欄那些依照目標列出的「做了什麼／少做什麼」的內容分成三大類：一是情緒化（指在尚未釐清自己感受前，就迅速做出強烈反應）；二為過度工作（指不請求協助，也不拒絕工作上的要求，只要認為該做的，就傾全力去做）；三是自我要求（對所有事情，不論重要大事還是芝麻小事，都設立了嚴格標準）。

　　該欄中最後一項，同屬第二類與第三類。只要回頭檢視第一欄與第二欄內容時，會發現兩者是互相矛盾的，如果再繼續看第三欄「潛在對立目標」，就可以更清楚看到目標與行為間的衝突。

　　第三欄內容正反映出凱絲的自我保護意識，她不斷強調無論如何都不會讓自己和團隊成員失望，儘管她必需承受極大的壓力。她所謂的「不讓所有人失望」，就是執意當團隊中「最傑出、可靠、值得信賴且絕不說不」的成員。也許有人會質疑，凱絲為了團隊任務，不惜犧牲自己的身心健康，怎麼會是自我保護呢？應該是缺乏自我保護才對吧！

　　凱絲當然應該更重視自己的身心健康，但這裡所謂的「自我保護」並非指照顧自己的身體，而是指「維護自我形象」，或者說是「對自我印象管理的堅持」，她不惜任何代價，也要讓人永遠只看見她最完美的一面。而代價就如第三欄所呈現的──讓她感到崩潰。同時她也清楚說明了她的變革計畫，希望能學會有效管理情緒，以及保持對工作的熱誠。

　　第二欄列出的行為，正是實現第三欄自我保護的因素，而這剛好與她的目標背道而馳。第三欄的內容說明了凱絲對高質量工作品質的決心，但對自己情緒化的原因卻沒有多加著墨（她的指導員分析了這個狀況，認為凱絲可能擔心如果失去高昂的情緒，就會失去競爭力，或產生自我懷疑。

但剛開始時，凱絲並不承認自己的恐懼，反而覺得第二欄的行為是因為自己喜歡獨斷獨行。總而言之，她認為自己在第三欄的反省內容紮實又強而有力。

接著，第四欄描述著凱絲的基本預設立場，透過這個部分可以理解凱絲變革抗拒的心智運作，因為這些預設立場都有一個同樣的模式：「如果沒有達成潛在的對立目標，就會有什麼什麼後果」。

最後兩項內容說明了她為什麼要設立「情緒管理」這個目標。她的預設立場是：寧可不顧健康、超越極限、使盡全力完成任務，也不能有所保留，這才是最佳工作狀態。這種工作方式自然會讓人陷入高壓力生活，也造就了情緒化的結果。當她對工作成果期望過高時，任何一點小事都會讓她神經緊繃。

凱絲的情緒管理是一種適應性而非技術性目標，單單使用特殊減壓技巧，諸如運動、冥想或瑜珈等，是無法有效協助凱絲管理情緒的，因為她必定會盡 150％ 的力量來完成我們建議的活動。

因此，我們建議她從「修正當前的信念和預設立場」開始展開變革計畫。適應性改善目標的特色在於：無法先確定哪些心態會改變什麼、又會改變到什麼程度。但改第四欄的內容已經點出她必需改善的地方，以及不改變的話會有什麼危險。

🔓 連同事都讚許──凱絲傑出的改善成果

凱絲在決定變革的這半年間有了極大的變化，以下是團隊成員對凱絲改變的看法：

「我發現凱絲在情緒管理上有很大的進步，相信其他人都有同樣的感

覺。只要看看她在 RollOut 專案中的表現就知道了。這個專案相當複雜艱難，早已超出她能掌控的範圍，但她卻展現了令人意外的情緒管理能力，為專案擬定許多備案，以應付各種可能的困境。我漸漸相信了她變革的決心，也相信她可以成功。

　　她試著和信任的成員個別談話來釋放高壓情緒，這個方式很適合她，也幫了她很大的忙。另外，由於凱絲是 RollOut 專案的負責人，因此她深知這個專案的複雜性及廣泛性，這些因素必然會影響她的情緒。但她仍然展現出傑出的情緒管理能力，時時保持冷靜，運用『先提出問題再尋找方法』的技巧，而非任由情緒主導思想。這大大改變了團隊成員對她的印象，也對任務的完成有很大的貢獻。」

　　「凱絲在情緒控管方面有極大的改變，雖然她還是很在乎其他成員不專業的行為，但她試著不去在意，只專注於任務的完成。儘管有位成員因為常缺席而錯過許多重要會議，但凱絲不僅順利完成專案進度，並在最後給予回饋時，指出這位成員雖然有令團隊成員失望的地方，但在某些方面也確實有所貢獻，這表示凱絲已能區分自己的情緒與事實，清楚分辨這位成員的優缺點。」

　　「凱絲和我一起走過最艱難、壓力最大的時刻，她對 RollOut 專案不僅有清楚的規畫，並且抱有深切的渴望，她的熱誠正是專案成功的最大推手。在緊迫的時程與深切的渴望下，我們難免會有衝突，但我們兩人都能維持冷靜，誠實相待、合作無間。我們還舉辦了一場討論會，讓凱絲有機會宣揚她的理念，並增進雙方的信任與尊重。」

　　透過團隊成員們的回饋，凱絲發現自己的改變遠遠超乎預設的目標，尤其在自我管理方面，有很大的進步。她說：「儘管面對最糟糕的情況，我也不會受到情緒的牽引。比起以前，現在我更能察覺自己情緒爆發的原因，

並在一開始時就設法緩解。」除了上述的改變之外，對凱絲而言最大的收穫是：她不再生活在恐懼中，而能更加肯定自己的價值。

🔓 造就凱絲克服變革抗拒的工具及轉捩點

以下就來看看凱絲變革的過程。自從知道團隊成員支持她提昇情緒管理能力後，凱絲就擬定一份進程表（見圖6-2），從頭審視起，一步步展望未來（其實凱絲並沒有完全完成這份進程表，這個過程到「休士頓事件」後就停止了，詳情補述於後）。

凱絲告訴所有團隊成員自己改變的決心，也歡迎成員們在她情緒化時提醒她。剛開始她認為自己無法接受成員們給她的率直提醒，但過了一週後，她已經能坦然接受這件事了。

目標	首要步驟	重大進展	結果
· 我決定要提升情緒掌控能力以及改變表達方式。 · 具體來說，就是團隊成員或任務進度不如預期時，我能降低情緒對我的干擾，做到對事不對人。	· 與團隊成員分享我的目標和變革抗拒地圖，讓他們更了解我。 · 請他們給我一些暗示和建議。	· 不計代價盡全力做好每一件事情。	· 調整情緒化的狀態，並且打斷這個惡性循環。

圖6-2 **凱絲的「漸進發展」計畫**

· 我相信這樣能幫助我掌控情緒，也能穩定團隊氣氛。	· 留意自己在情緒化後造成的結果，了解自己經歷了什麼以及如何應對。 · 在更了解情緒化的原因後，設法請其他成員在關鍵時刻協助我，以終止情緒化行為。 · 請成員們直接告訴我他們對我這麼情緒化的看法。建立一系列可供測試的準則。	· 不計代價盡全力做好每一件事情。	· 建立一個健全有效的方式來終止情緒化循環，包含身體方面（例如：深呼吸或玩減壓球）、心理方面（例如：覆誦準則）、認知方面（例如：想想此時做些什麼能讓自己平靜）。 · 發現自己情緒過於高亢時，我會在行動前先冷靜地深呼吸並沉思。 · 暗示那些知道我有變革決心的人，讓他們知道我目前正處在情緒激昂的狀態中。 · 讀取旁人給的暗示，並冷靜下來，再次使用有效的情緒冷卻方式。

續圖 6-2　**凱絲的「漸進發展」計畫**

意義重大的休士頓事件

有別於以往的案主，會以溫和漸進方式來了解、測試自己的預設立場，凱絲則藉由休士頓事件以直接又戲劇的方式來測試。

這件事發生在他們團隊必需向休士頓行銷長提出一份報告的過程中。由於行銷長曾在半年前拒絕過他們的提案，因此儘管所有資料都已備齊，凱絲等人仍然相當緊張。其實在提案的前一週，凱絲仍覺得報告內容不夠完整，也有些錯誤，於是隨著提案日期的逼近，凱絲的壓力也愈來愈大。

凱絲在開會前幾天幾乎徹夜難眠，只能偶爾打個小盹，就又被壓力驚醒，然後繼續打起精神準備報告。

直到報告當天早上，一切似乎都已就緒，但凱絲卻忽然昏倒了，最後凱絲上了救護車。她在稍微清醒後，口中還喃喃說著：「怎麼辦，我們開會要遲到了。」

雖然這件事已經過了好一陣子，但凱絲對此仍歷歷在目，受到很大的影響。她回憶道：「我簡直無法相信，我竟然缺席了這場重要的會議，大家一定對我很失望，我覺得大好前程已經離我遠去了。」

接著又說：「甚至其他人發信告訴我後續會議狀況時，都讓我充滿罪惡感，尤其是對挺身而出收拾殘局的特麗莎，我更是感到抱歉。」

一位跟凱絲感情很好的同事問她：「我知道這件事對妳來說，是個很大的打擊，但你到底在害怕什麼呢？」凱絲想了想回說：「我害怕讓查特（凱絲的老闆）失望，怕他會後悔決定派我主導這個專案，並參加這麼重要的會議。我當然知道，這麼想是不合理的，但我就是忍不住覺得這件事好像顯得我能力不足。不過，我心裡仍相信自己的能力，也知道查特還是相當器重我。」

都到這時候了，凱絲仍然沒有好好檢視心中的預設立場，只是一直被這些預設立場主宰。直到她與指導員談起了一件令她痛苦的往事時，才真正開始深入探討、檢視這些預設立場。

舉例來說，凱絲不自覺地做出與預設立場相反的行為，像是有時無法傾全力來完成任務，或無法出席重要會議這件事，是她的內心預設絕不允許的事。當然，並不是凱絲為了挑戰自己的內心預設而做這些事，只是剛好某些行為造成了這樣的結果，或者說這些結果剛好和預設立場不符罷了。

真正讓凱絲省思的原因是：這個會議相當順利地結束了，他們的報告也被採用了，凱絲從成員口中得知，行銷長相當贊同她的理念，甚至成為提案被採用的關鍵因素。

凱絲被診斷為過勞，並在接受兩天治療後出院了。過了一週後，她漸漸覺得自己其實沒有出席會議的必要，因為這段時間以來，每位成員都和她一樣對這次提案很投入，對報告瞭若指掌，能毫無遺漏地完整呈現這份報告，所以其實她並沒有讓團隊成員失望。

此外，因為這次事件讓她有機會知道，團隊成員依然將她視為最有貢獻的成員，老闆甚至將另一個重要的專案交付給她。最重要的是，她發現自己不必因為過度承擔所有任務而傷害身體健康。

俗話說得好，不經一事不長一智，這件事確實給了凱絲一個省思的機會，對她有極大的影響。儘管追溯造就凱絲內心預設的原因，不見得對她有太大的幫助，但是當凱絲回想老闆曾經給過她高度的肯定，確實令她相當感動。她忍不住滔滔不絕地談起十年前被醫學院拒絕，令她倍感不堪的往事。

潛藏凱絲內心最大的對立想法

當時，凱絲知道自己受以下事件的影響很大：

我跟我哥哥完全不同，從小到大我對課業都不怎麼認真，高中時也只求成績及格，能畢業就好，成績好壞對我來說一點都不重要。畢業後我立志從醫，開始發憤圖強，並選定了一間理想中的學校。

此後的六年裡，我每天過得戰戰兢兢，不分日夜地努力念書，很多人都驚嘆：「真不懂妳為什麼要挑戰這麼難的事？」沒想到最後我還是落榜了，這個結果讓大家和我自己都很驚訝，我一直很難走出這件事的陰影。

過了幾個禮拜後，凱絲重新思考了醫學院落榜事件的始末後說道：

這件事我放在心裡十年了，我一直不想承認這件事曾經發生過。但沒想到親口說出這件事後，卻讓我有力量去面對和處理這個問題，不論這件事曾經讓我覺得多麼痛苦、難為情、不堪面對。

當時我覺得這件事根本不值一提，或者說我把那個部分的自己給埋葬了，不願面對承認。我並不是因為夢想遠離而痛苦，而是被失敗的尷尬情緒淹沒了。因為我很在意家人、朋友、同學遺憾的眼光，懷疑我到底是在考試時出了什麼問題。

凱絲因為醫學院事件產生了高度的自我懷疑，直到休士頓事件才讓她明白，原來「自我懷疑」深深影響她至今，讓她承受巨大的壓力，處處想證明自己的能力和價值。她提到「珍愛的東西被剝奪是非常痛苦的」，凱絲預期自己能考上醫學院，成為一位凡事都能做到最好、不可缺少的重要人物，但在得知自己落榜後，卻只是用一聲「是哦」來掩飾自己的情緒。

了解凱絲變革抗拒的預設立場從何而來後，我們漸漸釐清了該如何直搗核心，協助她進行變革。凱絲的自我認同感相當薄弱，使得她把心力與

能力都放在「如何避免他人的負面評價」上，而不是使出渾身解數專注於工作，更拒絕培養社會化的一面。

她的完美主義、拒絕要求協助、對暴露弱點的警覺，造就出她潛在對立的預設立場。也就是儘管自認充滿缺陷，仍極欲證明自己是專注努力且有價值的人。

透過休士頓事件，讓她有機會、有時間放慢腳步，重新審視自己，才終於發現原來自己對團隊的貢獻很大，更明白原來自己的存在價值，和她預想的並不相同。再次回到工作崗位時，凱絲在內心擁抱這個新觀點，融合出全新的自己，她從醫學院落榜事件中，看到了一絲曙光：

這件事確實發生了，現在我不僅能欣然接受這個結果，更認為這個經驗相當可貴，因為是這些過去成就了現在的我，這個老闆願意器重的我。我很感謝當初為了考醫學院所付出的努力，讓我有機會學習到珍貴且艱深的學問，建立我獨特的知識基礎。過去我從未想過，正是那些特殊的經驗，讓我得到現在這份工作。

凱絲在接下來幾禮拜減少工作量，用更多時間探索新的自己。與其無時無刻地追趕專案進度，她決定空出一些時間來思索；其實減少實際參與專案時間，讓她更有機會沉澱心情、準確評估自己對團隊的貢獻。

她利用這段時間來了解專案發展與回饋，並提到：「這讓我更了解目前狀態及掌握進度。」在電話會議中，凱絲提出自己的觀點和想法，團隊成員們都給予高度的支持，一致認為她是團隊的靈魂人物。

凱絲提到了自己從休士頓回到工作崗位時的心態：「我覺得好像撥雲見日般清明，清楚知道什麼是應該做的、要如何做，我深知自己是屬於這裡的，而且清楚地看到了從前看不見的盲點。」

上述體認便是因突破抗拒，而對自我潛能有了更深層的認識。然而，這能量並非由兩股對抗力量拉扯對抗而生，而是全面自然展現在行為上（努力且持續工作的能力）、心理上（感到更自在、耗竭感受降低）的，更在心智上有所改變，例如比起從前，凱絲現如今更能用智慧來解決困境。

暫時性的焦慮可能危及當時的工作績效（有研究指出：應試者處於高焦慮狀態時，智商明顯低於焦慮程度較低時），長期焦慮則會持續將心力耗費在自我保護上。唯有能善用智慧，才能產生更多洞見，這個經驗就好像在迷霧中摸索般，有時我們甚至不知自己已深陷其中。凱絲提到：「從前的我，一直不自覺地被恐懼籠罩著，無法全心全意地發揮實力，在精神上相當疲憊。但現在我徹底煥然一新，感受到全新的自己。」

凱絲現在非常清楚什麼事是她該做的，例如，她在和資深成員討論時提到：「我認為有八個很有創造性的專案是我們可以考慮執行的，也認為自己很適合參與這些專案。」相較於從前，現在她發自內心覺得自己既有實力又有價值，她說：「過去我總是戰戰兢兢地和別人談論自己的創意；但現在我對自己具備的知識背景很有信心，過去的科學素養讓我對數據與資料的解讀別有洞見。這些具特色的分析觀點，正是我的價值所在。」

凱絲現在才理解為何老闆經常問她：「為什麼妳老是缺乏信心呢？」當時凱絲不太理解老闆的意思：「因為我常被認為個性驕傲自大，這樣的我怎麼可能缺乏自信？但現在我終於明白，驕傲自大和有自信是不一樣的，就像用過度工作來展現自我，並不表示那是一種自我認同。」

然而，休士頓事件仍有可能對凱絲產生負面影響，甚至加深她的自我懷疑。不過，後來證明這麼想是多慮了，因為不論是團隊成員還是凱絲的上司，都相當肯定凱絲的能力，並對她說：「凱絲，妳的價值在於：妳對

事情有無可取代的特殊見解，而不在於勞力的付出。」

　　在休士頓事件過後兩個月，凱絲已經從疲憊中恢復。現在就來檢視一下凱絲的變革進度。首先，整個事件及後續發展對凱絲產生了巨大的影響：她發現過去的工作心態因這件事受到了挑戰、從前的工作方式也不管用了，並且重新賦予陳舊記憶新的意義，用嶄新的心態和能量來面對工作。

　　在經過這段日子的審視、挑戰那些基本預設立場後，凱絲認為自己應該擺脫過去的枷鎖，用全新的心態來迎接工作。她認為這些自我觀察和省思點醒了幾件事，其中一項就是放下別人的評論，轉而重視內在的自我管理：

　　我改變了自己對「令人失望」的定義，不同於以往，現在只有當我對事情感到迷惑，失去自己特有觀點，或這些觀點沒什麼價值時，才會對自己感到失望。

　　不過，「竭心盡力工作的團隊成員才是好的隊員」這個基本預設依然沒有改變。唯一不同的是對「竭心盡力」的定義，時時刻刻緊盯進度的完美主義並非竭心盡力，所謂的完美應該是指：對任務理念、進展有透徹的理解，並抱有高度熱誠。

　　此外，我仍然同意「我個人的最佳狀態是：在工作上不斷超越自己」這個基本預設，只是定義改變了。超越自己是指：給自己適當的時間思考，做出最佳的決策。而原先「寧可犧牲健康也要竭心盡力工作」這個最關鍵的預設，則完全被推翻了。

　　凱絲以戲劇化的方式來體認及挑戰自己的基本預設立場，讓她的心態有急遽的轉變。以下是她的想法：「我很慶幸休士頓事件的發生，否則我永遠沒有機會傾聽自己內心的聲音。」不過，我們相信就算沒有發生這件

事,凱絲仍然可以和其他個案一樣,用和緩漸進的方式來完成變革。

🔓 持續變革造就新的行動模式

也許正因凱絲用了急遽的方式來扭轉對變革的抗拒,所以當她回到工作崗位時,不免擔心自己是否能堅持這些新觀點。她很希望這個改變能延續下去,也很害怕會失去改變後的自己,尤其在面對高壓的工作情境(仍有不少團隊成員挑戰她的忍耐極限,專案的期限也迫在眉睫)。

內心的轉變只是第一步,她知道自己必需落實對「令人失望」、「價值感」、「完美」的新定義,必需用不同於從前的方式來與人互動,面對壓力、做好時間管理。總而言之,為了達成變革目標,凱絲仍有不少需要努力的地方。

在正式返回工作崗位時,凱絲擬定了全新的工作計畫,包含嚴格限制工作時間,尤其是避免在晚上加班,也安排了適度的運動。回顧第二欄的內容,凱絲總是想做超量的工作。但現在她發現尋求他人協助,可以讓自己更加從容。她特地在電腦螢幕前貼上寫著「確認這件事的重要性」的小字條,時時提醒自己並不是每件事都很重要,過度焦慮只會增加情緒負擔。她開始步上變革的軌道,一點一滴開始改變。

自信是凱絲能減少壓力的重要因素,她用心體會嶄新行為帶來的改變,讓她對自己更有信心。舉例來說:凱絲想確認自己能否兼顧落實新計畫與提升自我價值,因此在花了幾個禮拜審視自己運用時間的方式和對團隊的貢獻後,給予自己極高的評價。她說:「我能落實新的計畫,做好時間管理,同時也對自己的工作成果相當滿意。」

她漸漸領會到提昇自己價值的方式,比如說,身為 RollOut 專案的主

管，面對醫療與法律兩個素來互有敵意的團隊，行銷資訊必需有所保留，不能全盤托出，以免更增添雙方衝突。這麼一來，這個專案不只要以顧客為中心來思考如何行銷，更要取得兩邊團體的認同，願意簽署必要的文件。這也增加了專案的困難度與複雜度，而專案主管的個性與行事風格，也因此左右了專案的成敗。

凱絲並沒有忽略這兩個團隊由來已久的僵局，她明白如果自己無法成為雙方溝通的橋樑，這個專案就會窒礙難行。她說：「我知道自己必需不厭其煩地做好雙邊溝通，並且知道關鍵人物是誰，以及阻礙溝通的原因有哪些，如此一來才能排除萬難達成協議。」

凱絲很高興自己能順利完成專案，這對她而言是一個超越自我的重要里程碑。其實在專案初始階段，大家都處於劍拔弩張的狀態，尤其是凱絲的行銷團隊，必需在特定時間內展開行銷計畫，因而人人倍感壓力，只要錯失任何一個環節，後果都令人難以想像。

如果是以前的凱絲，情緒肯定是處於一觸即發的狀態，可能因為一點小事就大發雷霆，讓負面情緒渲染整個團隊，並且緊咬每位成員的工作進度，深怕有一點閃失。然而，凱絲這次並沒有這麼做，雖然一開始她們的進度有些落後，但凱絲仍能保持冷靜，處理棘手的狀況，這是從前的她絕對做不到的。

在這個過程中，凱絲不斷詢問自己目前情況是否仍在掌控之中、該用什麼方法走出困境，以保持沉穩冷靜的心態面對高壓情況。其中凱絲所做的兩個決定，就顯示出她如何用新思維來處理問題。

第一個狀況是：行銷團隊得到上司首肯，準備採取大眾化行銷策略時，公司卻臨時改為以小眾市場為主要客群，這對她們來說簡直就是晴天霹靂。於是凱絲立刻召集了所有成員，向大家宣布這個消息，並說：「我

們大家都冷靜下來想想，並再次檢視手中有的分析資訊，一起擬定新的計畫，讓我們的行銷計畫能講出一個有說服力的故事吧！」最後，大家一起絞盡腦汁完成了任務。

第二個例子與時間管理有關，她回憶：

對方要求我們在隔天繳交報告，但當時已經是晚上九點了，於是我不悅地寫了一封嚴厲的信，想告訴對方這是一個無理的要求。但突然間，我停下來想了想，或許對方是因為不清楚目前任務狀況，以及完成任務所需要的時間，才提出這種要求。

因此我溫和地向他解釋：「因為目前我手邊沒有可以支援的人手，也沒有得到老闆的允許，可能要等到週五才能給您答覆，您是否可以允許我們星期五再提出報告？」對方得知後，也給了我很友善的回覆。

凱絲成功地將「自我控制」的理念落實在每個充滿陷阱、可能讓她走上回頭路的情境中，她提到：

整體而言，我比以前更能自我察覺和自我管理，並且在情緒高昂的狀態下，能夠採取特殊行為適度終止情緒的惡性循環，其中包含：

● 在心中覆誦「我很冷靜」這句箴言。

● 使用減壓球。

● 只要一感到自己情緒激動，我就會深呼吸，並且深思過後再採取行動。

● 當有人說了什麼讓我情緒激動的話時，我會告訴自己：「保持冷靜、尊重對方，這不是世界末日，事情仍在掌控之中，我可以聽聽對方說什麼，然後禮貌地拒絕他」。

● 當我覺得事情出了差錯時，就會問自己：「問題的癥結是我嗎？還是環境造成的？」

● 當我察覺到自己有壓力時，會試著問自己：「關於這件事，我能掌控和不能掌控的分別是什麼？」接著就針對能掌控的部分好好努力。

● 不時問自己：「這件事有重要到為它去住院嗎？」

● 花時間思考什麼是該做的，什麼是不該做的。

● 當時間很緊迫時，我會預先告訴對方，我可能無法按時完成任務；或詢問他們時間是否可以有彈性，讓我有充分的時間可以完成任務。

● 告訴自己：「我可以按照優先順序，決定哪件事應該要先完成。」

● 在快到截止時間時，我會問自己：「我應該先做什麼，才能有效完成任務？」

● 我按照計畫展開新生活，準時下班，盡量不加班。如果遇到馬拉松式的會議，我會先問自己，是否有參加的必要。

● 如果前一天加班，我會打電話給老闆，告訴她我隔天不進辦公室了。老闆也都欣然同意。

● 經常提醒自己：「這件事情有比我的身體健康更重要嗎？」

● 重視自己帶給團隊的價值和貢獻（所謂價值並不在做了多少事，而是做了什麼事）。

● 重視自己從這個過程中產生多少信心（忘卻恐懼，將自己的價值看得更清楚）。

整體來說，凱絲並沒有失去對事情的掌控和選擇權，而是以另一種方

式來體現。更重要的是，凱絲是這個轉變的啟動者，而非被動的接受者。
她說：

重要的是，我明白最初的基本預設是來自於恐懼。以前的我很害怕自己重視的事會被剝奪，因此必需不斷向他人證明自己的能力，讓她們知道我可以擔任這項職責。

雖然在收到醫學院落榜通知時，我只感嘆了一聲，但那份失落感使我對未來有了極大的焦慮和恐懼。當時的我相信，一定是我哪裡做得不好，所以才會落榜。但我從未告訴別人這件事對我的影響，只是從那次之後，我做每一件事都會小心翼翼，避免出任何差錯。

現在坦承當時落榜的感受，對我而言是一種解脫，大大減輕了情緒負擔之後，我整個人彷彿重生了一樣。

另外一項令人振奮的收穫是：我了解了我的價值並不在於做了多少工作，而是我獨具匠心的分析觀點。這也再次肯定了這份工作是我的天職。我相信其他成員也有相同的感受。

休士頓事件是讓我更了解自己的催化劑，進而逐漸提升我的自信，讓我能持續改變。特麗莎挺身而出成功地報告了我們的提案，這也讓我知道不必每件事都自己來，我的價值不在於我做了多少，而是對事情獨特的看法和知識背景。那次提案之所以能成功，除了特麗莎的報告外，也歸功於我之前立下了清楚的目標，以及詳盡的規畫，這正是我無可取代的貢獻。

我是一個眼見為憑的人，只相信有證據的事情。特麗莎的報告順利，正說明了我也可以是我自己目標和理想的推手。

🔓 浴火重生，盡情享受生命的美好

本書特別介紹了凱絲和大衛，並不是要強調他們有多特別，而是想表達人都有改變的潛力，希望讀者可以把他們的故事當做借鏡，知道自己也可以達到如此深刻的改變。

這麼多年下來，我們在美國各地見證了許多不同職業生涯階段的員工改變的過程。這些適應性的改變需要環境與個人的努力互相配合，而不像學習某項特殊技能一樣，只要遵循某種標準程序，就能自然而然、一蹴可及地達成目標。

從凱絲和大衛的故事可以知道，儘管變革需要付出相當的努力，但其結果常常是超乎預期地豐碩。適應性變革最大的特徵就是提出關鍵性問題，並在解決過程中強化自己的能力，讓自己達到巔峰狀態，建立嶄新的自我典範。君不見哥倫布當年就是一心想著解決航行上的問題，結果他的探索成就卻對全世界產生了深遠的影響。

在這個過程中，凱絲不僅學習如何管理自己的情緒，更知道如何授權，和其他人一起承擔任務。這些經驗不只讓她成為更傑出的行銷人才，更讓她全面透徹地了解自己，提升對事物的洞察力。於此同時，我們也與凱絲保持適度的距離，以免被現狀吞噬，才能順利協助她一起克服過程中遇到的瓶頸。

凱絲逐一點一滴建立起了自我認同。從前的她自有一套相當嚴謹看待事物的觀點，但在這個扭轉抗拒變革的過程中，她驚覺原先那套自我系統竟是強調「她是有缺陷的」。雖然她並未將這部分列入表中，但這個核心概念顯然正是她最強而有力的預設立場：我必需時時自我保護，並要得到他人肯定，以免因為我的缺陷，而使我失去重視的事物。

凱絲的變化非常大（世界觀不同了、不再生活在恐懼之中、洞悉更多

以前看不清楚的真相）。具體來說，她改掉了以前本位主義的思考方式，客觀看待所有事物，更懂得授權分享、敞開心房、降低防衛心、肯定自己的內在價值，讓自己的生活和工作都更加從容自在。

凱絲說因為不用凡事都做，以維繫自我價值，所以更能放心授權、尋求協助、讓他人參與工作成果；由於不用時時害怕暴露缺點而精神緊繃，因而看到更多可能性，得以盡情享受生命的美好。

第7章

如何克服個人變革抗拒，
幫助團隊成功變革
納森製藥行銷團隊的故事

第6章曾提到凱絲的個人抗拒在整個行銷團隊中，以影響集體的提案之姿出現。現在，透過對團體變革更全面的觀察，我們可以檢驗一個單一的設計，該設計或許是個人和團體可以同時變革最有效的方式了：既有助於個人面對適應性挑戰，又有利於提高團隊整體績效。

凱絲的老闆叫查特，他任職於全球知名的納森製藥。公司最近成立了一支高級行銷團隊，查特被任命為該團隊的負責人。由於之前的行銷團隊遭到失敗，所以查特知道他必需盡快重新凝聚團隊的向心力，以便完成公司交待的任務。納森製藥最新推出一種新藥品，是公司的重點產品，而查特團隊的任務則是為該藥品制定一個清晰、明瞭、具說服力的行銷計畫。

查特是一個精力旺盛、經驗豐富的經理，因此老闆讓他負責該行銷計畫。就跟凱絲一樣，查特和團隊成員都立志要成功；我們第一次見到這個團隊時，他們看起來贏面不大，儘管每位成員都有極高的天賦和豐富的經驗。

　　團隊有一半的成員是查特團隊的老手下，其他成員則來自另外一個團隊；這兩個團隊原先的工作風格截然不同，雖然大家一開始沒發現這些差異有多大。查特的工作風格是親自參與和指導，但另一團隊的成員已經適應了他們之前那位鮮少干預下屬工作的領導者，該領導者是一位公司很器重的女主管，但她並非新團隊的一員。總之，兩個派系之間存在著鴻溝，在這種狀況下，他們會如何合作呢？

　　就像多數合併企業一樣，查特意識到這是個很棘手的問題，雖然新團隊只有八個人。但時間緊迫，而且該行銷計畫對納森製藥至關重要，因此他決定找尋一名外部人員，幫助他們增強凝聚力。

　　我們也因此有機會跟這個團隊合作，查特請我們先勾勒出這個團隊可能的重建過程，以供他們參考。我們和查特談了一下，了解了他的期望和意圖後，接著與團隊討論我們從查特那兒了解到的情況，並說明我們會如何與他們合作。

　　我們首先提到一個團隊都須參與的密集計畫，這個計畫會協助他們克服在每個階段都會彼此影響的個人與團體的變革抗拒。之後的六個月，我們會先花兩天的時間，單獨指導每個成員，然後再與整個團隊舉行為期兩天的團隊會議。我們私下又幫他們設計了特別的活動，以因應突發的問題和挑戰。

　　為了辨別他們現在互動的特徵，以及評估他們六個月後的進步，我們提議在「事前」和「事後」都進行定性和定量的檢驗。之後三個月，我們會再次對成員們進行評量，詢問他們當下的體驗，並檢查該項目的總體效果。雖然這項訓練要花很多時間和精力，但他們覺得：如果他們能在個人和團體兩方面合作得更好，那麼這次努力也就值得了，他們將此稱之為「投資」，於是同意跟我們合作。

🔓 行銷團隊初次描繪現況

我們首先進行了一輪團隊成員的一對一會談和評量，發現團體成員之間嚴重缺乏信任。查特的預感果然沒錯，這兩個派系內部自然氣氛融洽、互相信任；但兩個派系之間的信任度卻很低。其互不信任的程度，甚至已經到了「背後捅你一刀」的地步。

幾乎每個成員都承認，查特是個有謀略、個性實際、精力充沛的人；為了計畫的成功，會傳達清楚的願景與目標。但查特覺得從另一個團隊來的成員，可能會比他原來的部屬更難搞定。

新團隊成員給查特最挑釁的評論是：查特的管理風格是「管太細」。他們認為查特「經常過度指示、過於重視細節」、「不夠重視團隊士氣、認同感」、「忽略團隊合作中人的因素」。因為查特分配的工作太緊湊，就連查特的老部下也有同樣的看法，認為查特需要重新調整一下工作與生活間的平衡。

除此之外，兩派的人都認為團隊具有強烈的工作倫理、對產品的專注精神；在技能組合上，團隊極具天賦、專業性與多元性。然而，除了這些優勢之外，關於成長的其他議題，他們卻難以達成共識，例如發展信任度必要的「工作風格」和「溝通」。關於工作風格，以下有位成員的說法，幾乎代表了所有人的感受：「我們不體諒、也不欣賞彼此工作方式上的差異。」

高效團隊最大的本事是：有效的溝通能力，如果沒有這項核心能力，團隊就不具有任何功能，充其量只是一群追求自己目標的人聚在一起而已。在溝通不順暢的團隊裡，每個成員甚至領導人都可能打著自己的小算盤，造成團隊績效不佳。而這個行銷團隊也意識到，他們團隊才剛成立，溝通又不順暢，真有什麼問題，外部的協助應該會比較有效。

從以下談話不難看出：這個團隊離「溝通順暢」還有一段很長的距離：

「我覺得我說的話，他們根本就充耳不聞。」

「很多時候我根本不知道該找哪些人交流？也不知道應該跟哪個層級的人交流？」

「閱讀團隊同事發來的電子郵件時，我根本就看不懂他們的語氣——他們到底是處於喪心病狂的狀態，還是他們覺得我本來就該被他們差遣？」

多數人都覺得這個團隊的溝通很間接，大家都不直接表達思想、觀點和感覺，而是透過查特來傳遞。即使有直接的溝通，也都有各自的預設立場和主觀臆測，而非針對事實。

當我們問到：團隊溝通現有的三大優點是什麼？他們的回答也沒有什麼共識，但至少每個人都列舉了一個優點，以下是其中一些意見：

「我們團隊正在為有效溝通而努力。」

「我們願意用一切方法進行溝通，例如電子郵件、語音郵件和召開會議等。」

「我們具有公開報告的技巧。」

「我們能分享資訊。」

然而，大家認為至少有兩個明顯的優點，可以改善團隊的溝通：「大家都致力於行銷計畫和團隊成功」、「大家都有解決問題的意願」；而有效溝通的最大障礙則是每個人口中的「彼此信任不足」。

聽完整個團隊的描述，包括團體成員是如何看待其他人及領導人之後，我們初步認為：團隊的問題並不是查特個人引起的；團隊是由很多人組成，

而每個人的行事風格都不一樣，才會造成目前這種窘況。

　　例如，所有團隊成員（包括查特之前的部屬，甚至查特本人）都認為查特過度指導與注重細節。但由於成員對這種風格的看法不同，產生的感覺和反應也截然不同。

　　查特的老部下對查特的領導風格即使不是很滿意，也沒什麼太大意見，他們認為查特的「指示」有助於他們成長，並創造持續進步的文化。至於查特的注重細節，他們也覺得那是查特對行銷計畫的關心與參與。但後來加入的下屬卻完全不這麼認為，他們很受不了查特的領導風格，認為查特應該要修正一下。這可能是因為：他們覺得查特的行為就等於查特對他們的看法。

　　對查特領導風格的不同理解，導致了團隊間的信任不足，他們可能心想：「又來了，這個查特又在告訴我該怎麼做了。他八成認為我不知道自己在做什麼，完全不信任我的工作能力！而且又不停地詢問細節，表示他根本就不相信我可以做好這件事，不然他為什麼非要管得這麼細？」

　　從這些反應差異可以看出：一個人對事件的詮釋，會影響他的現實生活。而查特並非問題的徵結。

　　那麼身為團隊的一份子，難道查特都沒有責任嗎？身為團隊的領導者，查特當然有責任要為團隊與文化定調。也就是說，其他人也是問題的成因之一，因此我們在訪談中加入了一個開放性問題：「對於你目前面臨的溝通困難，你是否有責任？如果有，會是什麼責任？」這個問題只是一個前奏，之後我們會再公布每個人的四欄改善作業。

　　所幸在溝通現況和信任程度上，成員們都有能力和意願去承擔自己的責任：

　　「如果我不要急著對別人下結論的話，我可以把工作做得更好。我並

沒有花時間去了解團隊的其他成員。」

「我和某些人採取了間接交流的方式，因此對『造成團體的防衛氣氛』有責任，我所謂的『防衛』是指有點傲慢和不尊重。」

「我應該更慎重思考我的決定對其他人的影響，例如問自己：『這個決定會對別人產生什麼影響？』」

「我需要改進向別人傳遞訊息的方式，因為我個性直率、說話直接，他們可能很難接受我這一點，所以我希望能用某種特定的方式，讓他們聽到這些訊息。」

「我既不做出、也不接受回應，我這種頑固的個性讓人覺得內心很不舒服。」

「有時我收到無禮或讓人生氣的郵件時，也會在回復郵件時如法炮製，我應該要減少這種回應。」

每個成員除了說出至少一件他們該負的責任之外，也評論了容易阻礙良好溝通的行為和態度。不論這些自我評估是否準確，至少他們非常願意為變革做出貢獻，這對變革來說就是一個好的開始。

調查結果也確認了成員在訪談中告訴我們的情況，總體來說，這個團隊認為他們是「商業」方面的翹楚；而他們最需要改善的是工作上的「軟因素」。他們最需要的三個學習目標分別是：建立信任、溝通得更好（包括尊重個人的工作風格）、提高團隊學習能力。在需要改善的部分，這個團隊有一個可貴的優勢：他們知道對於現況自己該負的責任，也有強烈的職業道德、對產品的奉獻精神，以及極高的天分、專業和多樣性技能。

有了這些組織描述之後，我們接著進入了第一次的團隊會議。

🔓 第一次團隊會議：設定改善目標

為期兩天的第一次團體會議，為的是幫計畫定調與奠定基礎。我們會仔細考慮個人的變革抗拒，以及思考我們為什麼會做出某些選擇。之後我們會簡單描述另外兩次整天的會議，因為那是第一次團體會議與個人會談必要的後續工作。

我們召開的第一場會議有三個明確的目標：

1. 使用評量和訪談資料為基礎，發展一個團隊可以共享的改善目標；

2. 設定與團隊目標緊密連結的個人發展目標；

3. 為個人指導和後續的團隊會議定下日期。

同時我們也想透過會議，設定一個良好的溝通模式，尤其是讓成員們學會傾聽；並且提供一個安全的情境，讓大家冒點小風險去了解其他人；我們也希望團隊裡偶爾有一、兩聲笑聲。

我們首先將所有的數據，包含對查特領導風格的負面評價，單獨展示給查特看，在經過查特的同意後，我們跟團隊匯報了面談和調查數據的總結。他們討論後的第一個結論是：以提高團隊的溝通能力為第一優先。

為了提高溝通能力，有兩方面需要改善：一是雙方的溝通必需清晰而直接（彼此應該直接對話，不須經由查特同意或透過查特對話）；二是創造一個支持鼓勵、令人信任的環境。成員也同意為了產生更好的信任，大家必需：

● 承認別人立意良善。

● 接受不同的工作風格。

● 互相信任。

● 不要讓人有如坐針氈的感覺。

● 積極看待別人的提問，避免將之視為挑釁。

同時他們也為訊息的提供者與接收者確立了特定的責任：

● 發送者應該：要開放、直接、真誠、即時、動機清楚、態度不能傲慢。

● 接收者應該：要假設發送者立意良善，並且仔細地聆聽，用提問來澄清問題（尤其注意語氣）、以開放的心態學習。

● 身兼發送者與接收者應該：增強自我覺察，我給別人什麼樣的印象？知道自身的優點和缺點，並詢問（用語言和非語言）自己如何妨礙了溝通。

接著他們一起做出了一張包含有效溝通的意義與目的的分享圖，讓他們的討論得以同調。這個想法最後形成了圖 7-1（見第 179 頁），該圖以「改善團隊學習和效果」為主要目的。

在團隊創作了這張圖之後，我們進行了一項「同感調查」，這些簡單的調查可以查出團隊中有多少一致的意見存在。我們想知道兩件事：

1. 成員們都認為這張圖已經充分表達出自己的目的了嗎？（如果團隊以這些方式進行溝通，你認為團隊的學習和生產力會增長多少？）

2. 成員們是否願意將該圖當做彼此正式的溝通藍圖？

確認這張圖已充分表達了自己的目的後，大家也接受了承諾程度的調查（分低、中、高三等），結果每個人都給出了高承諾。

這個結果為團體和個人變革任務奠定了基礎，儘管這張圖並無新意。事實上，這張圖確實是良好溝通的大部分通則，然而讓團隊耳目一新的是：

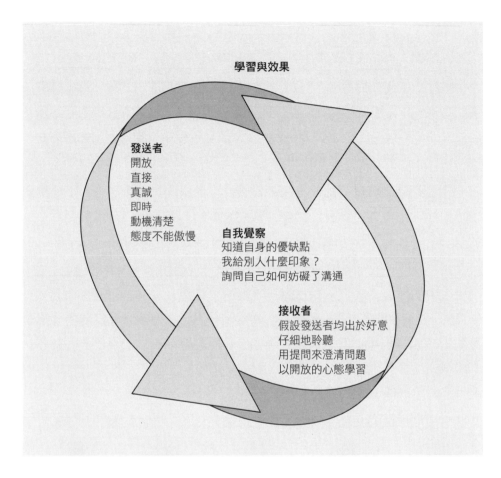

學習與效果

發送者
開放
直接
真誠
即時
動機清楚
態度不能傲慢

自我覺察
知道自身的優缺點
我給別人什麼印象？
詢問自己如何妨礙了溝通

接收者
假設發送者均出於好意
仔細地聆聽
用提問來澄清問題
以開放的心態學習

圖 7-1　納森製藥行銷團隊的有效溝通圖

這張圖形成了一種大家都認同的規則。這也是團隊成員在如何溝通、為什麼要溝通的共同期望上，必需採取的第一步，不僅有建設性，也成了團隊學習的新焦點。

當然，這些共識比較貼近第一欄的「目標」，但還不是實際的行為準

則。事實上，團體要保持共識並不容易，因為潛藏的對立想法會阻礙他們的良好意願，所以他們必需辛苦地討論和承諾。

但承諾如果要實際而不空洞，團隊就必需先理解自己的變革抗拒系統。明訂的規範不是不能打破，有些反而非打破不可，因此才需要辨識和討論。一旦共識被打破，那麼會破壞共識的行為就會形成第二欄內容，也就是說，我們「做了什麼」和「沒做什麼」阻礙了目標的進展。

上述行為的討論有助於揭露第三欄的「潛藏的對立想法」，這種無法信守承諾的時候其實很多。例如，雖然我承諾「要相信別人還有好意」，但我也承認「有時我可能會想鞏固與之前團隊夥伴的關係而違反承諾；有時我也會過於保護比較親近的朋友，而去懷疑不太親密的同事」。

能夠讓團隊達成共識是很難能可貴的，每個成員都必需面對自己獨有的挑戰，所以能謹守個人承諾更是重要。一個已經熟練掌握技巧的人，很容易學會新的技巧；但對其他人來說，可能會有調適上的困難。因此，我們邀請了所有成員就「達成團隊有效溝通的承諾」，找出他們個人最有挑戰性的變革目標。

我們要求成員想像一個理想的團隊溝通樣貌，然後自問為了讓團隊溝通更好，自己需要或想要改善的是什麼？這個方法是幫助成員們形成個人第一欄改善目標的標準作法。但這次的不同之處在於：我們是在成員期待團隊能有效溝通的前提下，提出問題。我們給成員們時間獨立回答這個問題，並讓他們記錄下自己的反應，放在第一欄裡。

通常會談方式是：我們會先做簡單的練習，並強調保密性，讓每個人選擇一個不具有上下級關係的成員當夥伴，並解釋傾聽者和訴說者的任務。然後讓他們與夥伴互相檢查，並分享第一欄內容。當兩人開始分享時，我們可以聽到他們自由地交談。一旦我們覺得他們已經準備好了，就開始請

每個人對整個團隊分享第一欄的個人目標。如此一來，團隊成員就有機會直接聽到每個人各自的責任。

接著我們再用「叩叩叩」的敲門規則，讓成員可以評論別人的改善目標。所謂的敲門規則是：「敲門」的人必需本著詢問的立場，而非站在主觀的立場；被「敲門」的人可以選擇回答，也可以說：「不，謝謝，我沒打算請你進來。」拒絕回答。

然而，圍坐在此的人並不是路人甲，大家都希望能與同事有更好的溝通，還有誰比團隊成員更能為個人的改善目標提供建議？我們也給了大家引導式的問題：「如果你的同事今天確立的目標有了進步，你認為這能明顯改善團隊的溝通，並提高團隊的學習與生產力嗎？」

此舉讓課程變得非常生動有效，大家在嬉笑之餘都提出了真誠的建議。查特是第一個志願者，他的行為為成員樹立了直接回饋與價值透明化的榜樣。雖然並不是每個人都會給別人意見或提問，但每個成員都確實收到了意見，至少也聽到了各種意見和他人的回饋。這次討論的程度是團隊有史以來最真誠的一次，例如有個人表達了對查特目標選擇的欣賞。

當天每個人都輪流把自己的目標寫在一張全開紙上，而且可以根據每個人收到的建議進行修改。以下是安東和尼爾修改前後的目標。

首先是安東的目標：

釐清大家為何說我傲慢的原因，改變我與他人互動的方式，以更接近他們給我的意見。

有人想進一步了解安東選擇的這個目標，因此詢問他：「如果你可以改變與人互動方式，你希望能發生什麼變化？」安東在回應了部分成員的意見後，修改了目標：

成為一個更有效的團隊合作者，包括：

1. 必需為我造成的誤解（別人如何看待我，及我如何看待別人）負責任，並積極主動地改變這種情形；

2. 主動尋求回饋、發現價值，並加以利用（這跟我自己對負面回饋的敏感度有關）。」

接下來是尼爾的原先目標：

我承諾要好好傾聽並善用同事的見識和經驗，尤其在行銷方面。我也要摒除自己從銷售經驗所建立的心智模式。

尼爾在收到各種反應和建議後，將目標修改如下：

我承諾更清晰簡要地與人溝通，好好地傾聽對方說話，面對不同的接收者，採取適當的溝通次數與溝通風格。我也承諾要好好利用同事的見識與經驗，尤其在行銷方面。

以上是其中兩位成員的目標，你可能會覺得第一個人的目標似曾相識，因為這也是第6章裡凱絲的目標；接下來則是查特的目標：

當某個計畫或成員出現了問題，我承諾我會視情況控制我的情緒，並直接針對問題處理，不讓我的感受影響到與他人的互動或計畫，這有助於我的情緒管理，也對團隊的平衡有利。

我承諾會先徵詢其他人的想法、主動傾聽，而不是立即做出個人反應；然後機智地做出回饋。所謂「機智回饋」是指：透過主動傾聽和詢問去展現同理心。我會及時並適時地善用這些時機，當做指導的機會，例如幫助成員找出有效行動的障礙。

確認成員們的自我進步目標，都與團隊溝通改善有關後，接著進行變

革抗拒地圖的四欄練習。我們按照以往的作法，給了他們圖中每欄的指示和例子，以及充分的個人思考、兩人分享的時間。完成變革地圖時，有人建議讓成員跟整個團隊分享他們個人的變革抗拒地圖，但是讓這個互信度低的團隊揭露自我評量，並不在我們原先的計畫內。

我們之所猶豫要不要接受這個提議，是因變革抗拒地圖的每一欄內容都在逐步接近核心問題，分享第一欄的自我進步目標，已經超過了團隊內自我揭露的界線，而且我們並不確定成員是否已經準備好面對下一階段的親密感了。

加上當天的訓練已經快結束了，我們有充分的時間去釐清可能產生的意外負面結果。後來我們提出這些顧慮跟團隊討論，最後大家一致決定：每個人可以自行決定是否參加，沒有任何團體壓力，查特也明確表示他不會對當天的訓練做出任何正式的評估。

之後幾乎沒有人遲疑，全體成員都分享了自己的個人變革抗拒地圖。原本我們就期待多數成員能抱持開放的態度，少數成員或許就會因為有壓力而敞開心扉，沒想到這樣的結果真的發生了。在總結評論時，有人雖然有些遲疑，但最後仍非常肯定地認為團隊一定會成功。大家聽到彼此真誠分享的目標時，都十分感動，也很高興每個人都很認真看待這件事。

最後的行程是檢查後面的路線和時間表，包括個人抗拒指導和另外兩場團隊會議。我們將個人指導設計為四個月的程序，其中有大約十次以電話或面談進行的會議。每次會議之後都會有一個練習，主要是針對個人的第一欄目標的進度。團隊會議則是為了觀察團隊和個人的進步情況，並釐清隨時產生的學習需求。

我們在第一次會議取得了不少成就：團隊共同設定了優先目標；成功制定了團體模式；所有成員都確立了個人的改善目標，且理解下一階段的

個人指導。然而更大的成就是成員們都願意冒險吐露自己的隱私：他們逐步深入地彼此分享變革抗拒地圖，包括之前與我們訪談時希望保密的內容。甚至現在他們已經能一起大笑，坦誠地互相談話和傾聽，而且在這個過程中，體驗了對彼此更大的尊重，這是建立信任的基本元素。

該團隊之所以突然產生了意想不到的效能，可能有以下幾個因素：

● 在決定是否與我們合作時，該團隊是有選擇的（在選擇我們之前，他們已經面試過其他顧問公司了）。

● 該團隊接受了我們最初的提議，即透過團體和個人變革齊頭並進的方式，去釐清他們的需要（我們不要求團隊要遵守由上而下的命令，而是團隊可以制定一個過程，有機會去重建信任）。

● 我們在需求評估時遵循這樣的模式，在評量團隊的強勢和弱勢時，也提問了對於團隊的競爭力，成員個人的責任是什麼。而資料的分析也依然遵循這種模式（這強化了每個人都該負起責任的觀點）。

● 查特是團隊發展的帶頭者，在回顧團隊調查資料（包含成員對他的領導力意見）時，他能不設防衛，積極扮演一位學習者。

● 團隊的改善焦點一直以商業結果為前提（團隊的改善目標，一直是根據團隊在必需完成的任務中，所具備的優勢和當前落差的分析而定）。

● 最後，我們在與每個成員的會談中得知，他們有很強的動機希望團隊成功。每個成員都不願意在產品成功上有任何妥協，他們都清楚知道：完成團隊的銷售目標是每個人的職責。他們體現了一個真正的團隊該有的立場與現實：「我們其中一個人的失敗，就是所有人的失敗。」

🔓 工作坊後的任務：克服團隊內個人的變革抗拒

在會議之後，我們想要透過個人在改進目標上的努力，形成良好的團隊動能和高昂的鬥志，之後的四到五個月集中在指導成員，以克服成員的變革抗拒。之前在第 6 章描述的凱絲的歷程和進步，就是我們指導每個成員的典型流程。

其中包括：一個基礎的「見證」調查（詢問個人指定的意見回饋者，讓這個人只對第一欄的目標提出評估建議，詳情參見第 5 章中大衛的調查）、一個持續性的進展、重大假設的背景資料、設計與執行對重大假設的測試、一個追蹤調查，以及最後的突破和解脫。

既然在團隊會議中，已經邀請每個成員對其他人的溝通目標提問，為什麼還要做個人基礎調查呢？我們是基於以下考慮而選擇進行調查的：

● 因為個人任務的時程非常充裕，所以我們想讓成員的目標盡可能有效和相關，而且多少會有成員在團隊會議期間無法暢所欲言。

● 這份調查是個人起跑點的評估基礎線，也是一份成員聚焦的公開紀錄，例如，個人目標如何影響團隊成功的敘述，可能包含了未被察覺的相關行為、其他人的想法。

● 因為「衡量」是團隊文化的一部分，因此調查標明了個人發展任務的重點，同時整合了追蹤調查，註明了成員必需改善的信念。

這些措施會提供成員額外的動機，讓他們持續個人的變革任務。而每個成員大方的回應和豐富的實例與評論，證明了他們很認真在承擔自己的責任。雖然有些人根據回饋建議，稍微修改了自己的目標，但大家仍然朝著「團隊高效溝通」的目標前進，這才是最有價值的一點。

從最初對團隊的個人調查中，可以發現成員在如何達成任務，及需要

其他人給予的建議上，有極大的個人喜好差異。最初收集的數據中，有成員的意見就是「不理解也不欣賞彼此工作方式的差異」，例如大家對查特領導風格的消極理解。還有成員希望尋求團隊內正面的回饋，卻沒有聽到任何回饋，因而感到十分沮喪；但其他人並沒有察覺到有人有這種需要，也從來沒有想過自己只是懶得給出正面回饋，結果卻讓別人受傷了。

第二次團隊會議：新工具與剛形成的新挑戰

這次會議我們的假設是：如果團隊成員能更了解彼此不同的工作風格，那信任程度應該可以提高。因此，如何了解自己的、團隊成員的、團隊的各種喜好，成了團隊會議一整天的焦點。以下是會前準備工作、團隊會議及這兩個活動背後動機的簡略描述。

我們選擇「邁爾斯─布里格斯性格分類指標」（Myers-Briggs Type Indicator，簡稱 MBTI）❶ 為工具，以幫助成員理解個別差異。這個工具以心理學家卡爾‧榮格（Carl Jung）❷ 的概念為基礎，是對人類心智偏好產生的一種速寫，暗示每個人都有不同的溝通風格。

在描述這些偏好方面，MBTI 並不涉及價值高低的評判，也就是一個人的喜好組合，與另一人的喜好組合沒有優劣之分，每種喜好都有其優點和侷限。這一點使大家更容易不設防衛地審視自己，也避免了對他人的評價。

一旦明白了這些先天的差異，就可以更寬容地理解錯誤的溝通是如何發生的（不是誰對誰錯的問題，而是因不同的需求和價值觀所產生的分歧）。因為察覺到自己「文化上」偏見，所以不去強迫別人接受自己的喜好，而能尊重他人的文化，積極接納他人的喜好，理解各種意義在先天上的差異。

　　簡而言之，MBTI 可以使用在自我理解、於溝通中改善發送和接收訊息的能力、提醒我們如何善用自己的風格、對隊友的溝通風格更加敏銳，包括隊友的訊息處理喜好。基於這些目的，我們讓每個成員完成 MBTI 量表，這也是第二次團隊會議的準備工作之一。

　　此外，我們還引入了推理階梯法（見第 188 頁圖 7-2 ），做為理解人際間錯誤溝通的工具。結合對自己的 MBTI 喜好，推理階梯法是一個非常實用的方法，能幫助我們從外在去了解個人喜好，進而換個角度去看待問題；更能指出我們是如何自動化地去評價別人、產生不準確的信念、對他人得出未經測試的結論，然後只注意、解釋那些與結論相符的線索，輕易地增強了這些錯誤。

　　如果用於個人，推理階梯法有助於我們減緩這個誤導的過程，使我們理解並糾正自己，免得太快對別人下結論。在團體中使用推理階梯法，更能增進彼此溝通。除了可以證明人都比較喜歡妄自揣測想像之外，也為如何測試理解和糾正誤解，提供了規範和具體的建議。

　　導入工具的另一個目的是：將成員在溝通風格喜好方面的學習，與他們的變革抗拒練習結合起來。第二次舉行的全天會議重點在幫助：成員認識

❶ 性格分類理論模型的一種。最先的研究者是美國心理學家凱瑟琳‧布里格斯（Katherine Cook Briggs）及其女兒伊莎貝爾‧邁爾斯（Isabel Briggs Myers）於 1942 年長期觀察和研究而完成。現 全球著名的性格測試之一，廣泛應用於教育界、員工招聘及培訓、領袖訓練、個人發展等領域。

❷ （1875 － 1961）著名的瑞士心理學家、精神分析學家；為分析心理學的始創者，也是現代心理學的鼻祖之一。著有《潛意識心理學》、《分析心理學的貢獻》、《集體潛意識的原型》、《記憶、夢、反思》等多部作品。

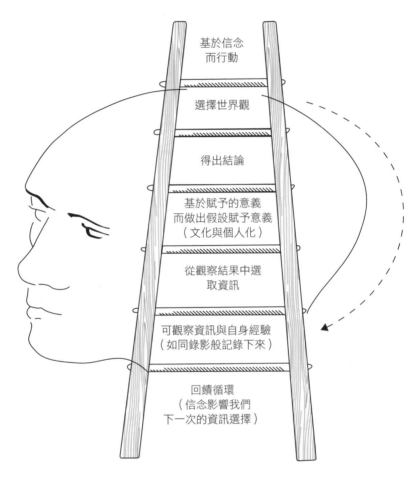

基於信念
而行動

選擇世界觀

得出結論

基於賦予的意義
而做出假設賦予意義
（文化與個人化）

從觀察結果中選
取資訊

可觀察資訊與自身經驗
（如同錄影般記錄下來）

回饋循環
（信念影響我們
下一次的資訊選擇）

圖 7-2 **推論階梯法描述了我們傾向選擇性的觀察結果、錯誤的假設和結論，進而產生不準確的信念。**

自身的風格、了解這種風格在溝通上的意義、練習如何與其他風格喜好者談話和思考；並希望成員可以更新個人變革練習的結果，包括他們持續的進展（也可以根據當天對成員的各種溝通喜好進行修改）。

儘管當天的行程很滿，但成員們一整天都興緻盎然、精力充沛，他們非常興奮地傾聽同事的 MBTI 報告，彷彿探索的是自己的結果似的，並對同事們取得第一欄目標的進步，都表示了極大地讚賞。

記得第 6 章凱絲的例子嗎？她第一欄目標是：「提升我的情緒掌控能力以及改變表達方式。團隊成員或任務進度不如預期時，我能降低情緒對我的干擾，做到對事不對人。我相信這樣能幫助我掌控自己的情緒，也能穩定團隊氣氛。」

當她了解了自己的 MBTI 結果之後，立刻就發現她以前對不同溝通喜好之人反應過度，尤其是「評判—知覺」的工具性方面。這一組喜好很兩化極，一端描述了人們對外在世界的態度，偏好有條理和可預測的生活型態（評判）；另一端則偏好有彈性和容易適應的生活型態（知覺）。

凱絲有著明確而強烈的「批判」偏好，這使她在有條理的計畫下工作時，感覺最舒適並且效率最高。當她發現某個最容易、最頻繁惹怒她的同事（她認為這位同事靠不住，永遠搞不定工作）具有「知覺」偏好時，馬上就對這個人說：「怪不得我這麼討厭你，我們兩個根本就南轅北轍！」可以想像，這位同事聽她這麼說有多高興了。

在練習之後，一旦凱絲又開始焦躁或感覺高壓時，她學會問自己：「什麼是我能掌控的？什麼是我不能掌控的？」以減輕外在的壓力，並中斷壓力源，這已成為她的關鍵工具之一。了解自己和他人的 MBTI 喜好之後，她才知道自己很輕易就快速對別人做出負面評價（推理階梯法可以察覺這一點），進而更快處理她能掌控的因素。

第三次團隊會議：全面檢視改善成果

最後一次會議的目的是整體評估，並討論團隊成員和個人在最初目標上的進展；同時慶祝他們的進步，並認定、釐清、規劃下一階段的工作任務。會議結束後，我們將學習的過程移交給了團隊本身，讓成員準備好他們的下一階段。

在這次會議的準備期間，我們將第二輪個人變革抗拒的調查數據發給每個人，並聽取他們的意見。即使大家必需為團隊的所有成員填寫調查表，但每個人依舊提供了廣泛、深思熟慮的回應。如同第 6 章中凱絲的第二次調查所見，整體意見極度正向。相較於「事前」調查，「事後」調查反映出成員對同事的評斷大部分都有顯著的改變。

除此之外，在會議的前一週，每個人都完成了「事後」十八項的團隊調查評估，這跟我們之前用來做「事前」評估的量化工具一模一樣。我們整理了數據，描繪出成員們的進展，並藉此討論即將到來的任務。

事後的團隊自我描述與我們在幾個月前的事前描述非常不一樣，圖 7-3（見第 191 頁）是十八個項目的事前和事後評分的比較，項目即每列的標題。團隊成員採用五點量表來評估對團體績效的觀感。整合事前與事後的個人成績後，得出了一個團體層次的結果。

最初的結果顯示：十八個項目中有超過一半的項目得分低於平均分數（在 1 ～ 5 分中低於 3 分），其中「有效溝通」的得分最低，只有 1.93 分；其次是「整體信任度」、「團隊建立」和「組織學習」，都只有 2.21 分。雖然「個人信任度」也低於平均分數，但略高於 2.71 分的「整體信任度」，表示成員對自己的信任感，超過了別人對他的信任感（只有一個人的反饋例外，他給「整體信任度」的分數高於其個人的信任度）。最高分的是「策略聚焦」（3.86 分），「清晰而明確的目標」其次（3.71 分），「具吸引力的

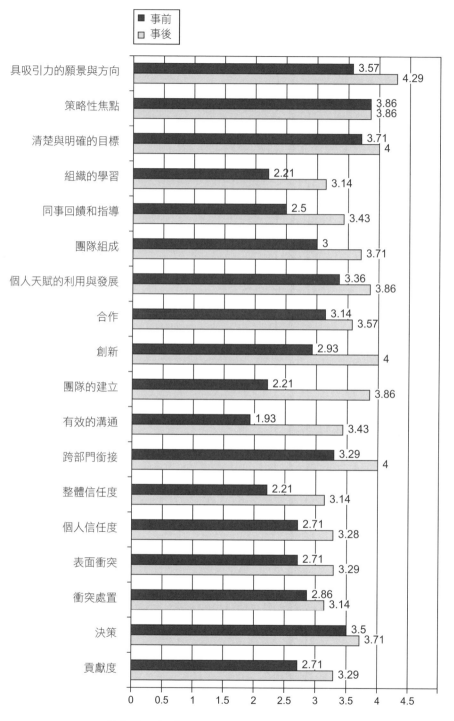

圖 7-3 「事前」與「事後」團隊績效自我評量分數（1 分～ 5 分）

願景與目標」則緊接在後（3.57分）。

　　這份數據證明了該團隊最大的優勢在於「商業技巧」，而需要努力的則是「軟實力」以及「團隊學習」等方面。

　　「事後」調查顯示各方面都有所提高，而「策略聚焦」是團隊原始得分最高的項目；其次，「有效溝通」、「整體信任度」和「團隊建立」是團隊最需要改進的部分；此外，十八個項目的評分都在平均分數以上（其中十四項得分都高於3分，四項的得分等於或高於4分）。

　　這份數據有助於說明團隊發生了哪些變化。雖然這個結果無法精確指示出團隊處於學習曲線上的什麼位置，但成員都知道團隊正在往正確的方向前進。這些數字清楚顯示團隊已經有很大的進展，他們在最後一次會議上也反映了這一點：

　　「最大的躍進剛好發生在我們設定必需完成的部分，能有這樣的成就，我非常高興。」

　　「整體來說，我們的願景和『策略焦點』一直都很清楚，『團隊的建立』讓我們在創新與溝通上有很大的進步。我們正沿著正確的方向前進。」

　　「我們在『整體信任度』方面有了很大進步，雖然得分也只略高於平均水準而已，而『個人信任度』的得分有高有低，表示仍有少數人沒有感受到團隊信任度。如果不是全員都能感受到信任，我們就無法往下一步前進。」

　　「強烈的願景……我們還需要更多時間去思考和學習，不論是個人學習（例如，從工作中學習），或團隊學習（例如，如何劃分和切割團隊任務，讓我們可以更聰明地做事，而不是只靠努力就好！）」

　　在最後一次會議那天早上，團隊成員已經掌握了「事前」和「事後」

的自我描述，接著開始釐清當前和短期訓練中的各種新要求。從他們設定初始目標迄今已經六個月，藥品市場也發生了變化，全體成員一致同意了最明顯的環境變化是什麼之後，開始討論這些變化帶來的影響，以及該如何因應之，最後確立了團隊下一步的發展目標。

我們便用這項因應發展需要而更新的目標，協助他們重新組織下一回的個人改善目標。所有成員都報告了自我成長上感覺最良好的部分、分享意義最顯著的學習經驗、公開承諾因應團隊需要的個人學習目標、以及在個人發展上尋求團隊協助。

於是我們從團隊的領導人查特開始，他說：

「我承諾建立一個激勵人心的環境，讓團隊能夠完成設定的任務。這表示我必需適當授權並保證進度，這點很有挑戰性。我想讓你們了解，我每天必需要面對的事情──我要表達意見嗎？還是就這樣算了？坦白說，這一點很難拿捏。

我會繼續履行承諾，創造一個授權的環境，也就是做一個傾聽者、儘量提問而不是做各種假設。我也會像今天這樣，繼續隱身幕後。我也正在努力要做到即時表揚，即便只是透過電子郵件或語音郵件，希望你們也能開放地接收我直接的回應。

我知道大家要很有耐心才能忍受我的這些回應，但我想拜託大家傾聽我說的話，了解我的回應都是出於善意。如果你知道我該怎麼給予直接反應，你才能接受的話，請你告訴我，我會洗耳恭聽。」

接下來則是其他人的承諾：

「我承諾會繼續遵守我的目標（即更能配合同事的風格來進行溝通），我希望在溝通時能更聚焦、在語氣上與方式上能更一致（不論是一

對一溝通或團體溝通）。在團隊中我並不好受，因為如果我看到大家一直在兜圈子，就會忍不住想要做個整合，但這可能讓人覺得我很專斷。但我的本意只是想幫忙，卻常被誤以為我只是想照自己的方法做事。因此我以後會多問大家：「你們覺得這樣有效嗎？」然後讓團隊去做出決定，而不是一直打斷大家，我沒有必要包辦所有事情。

所以，當我又陷入『專斷禁區』時，也請你們先喊暫停，並且提醒我已經陷入這個禁區了。我希望別讓雪球從山上滾下來，我可不想大家被雪球砸到，所以我需要有人不客氣地提醒我。所以，當我陷入禁區時，希望大家可以提醒我，因為我真的察覺不到這一點。」

「我經常過度溝通，老是談太多的細節，而且郵件副本發給太多人，我需要思考什麼樣的訊息該發給誰，一旦我不知道該怎麼辦時，我應該先問一下別人。所以，如果你有收到我發送給你不需要或不想要的訊息，請告訴我。我知道我在跟別人溝通時，應該要更簡潔一點，如果我說不清楚，請提醒我說：『你可以在十個字以內說完嗎？』」

在這個部分的尾聲時，每個人都已經報告過了，並在了解別人需要的前提下，與團隊訂立了個人約定。這些約定的目的是為了在下一階段可以獲得直接、即時和相關的回饋。為了使每個人都能順利進入下一個培訓階段，這是最明確的方法。我們已歷經了個人目標設定和訊息收集過程的完整週期，現在輪到成員自己主導其個人進度，並支持彼此的學習。

我們要求每位成員都要找另一名成員做搭檔，一起持續前進。當天會議現場我們也將送給每個人一份個人「學習約定書」，並說明他們在扮演搭檔角色時，應如何使用這份文件。每個人還有最後一次的個人指導面談，我們也提醒他們，要在這次會議上學會如何從與我們合作，轉為與搭檔及團隊合作。隨後，成員們對當天的會議及整個計畫進行了回應。這是我們最後一

次與整個團隊見面，但三個月後，我們進行了一次追蹤調查，結果顯示該團隊一直維持成果，而且一直在持續進步中。

🔓 事後的個別面談：合作成果追蹤調查

在第三次團隊會議之後，我們規劃了最後一次個別訓練會議以及追蹤調查，追蹤調查主要是為了：了解這次的訓練如何改變個人及團隊。調查在計畫進行後三個月開始，以便了解團隊及個人的「瓶頸」是什麼？為了讓大家毫無忌諱地暢所欲言，特別安排由第三方進行調查。結果顯示，在「團隊學習」及「個人進步目標」方面都有重大明確的進展。

調查評論確認了團隊以一個嶄新、改善後的自我形象出現，以下是評論樣本：

「這次訓練增強了我們團隊的凝聚力，如果沒有這樣的訓練過程，我們可能還是工作渙散、各自忙碌，絕不可能團結在一起。如今每個人都有變革的意願，也早有變革的目標，而這次訓練就是讓我們能快速地達成目標。一旦開始變革，大家的目標明確，就很清楚下一步要做什麼了。」

「我們的團隊會議成效愈來愈好，表示了大家已經改掉之前的溝通模式，換成新的溝通方式了。而現在大家也都能坦誠以對，開誠布公地協商問題，並勇於面對存在的問題。例如有一位成員公開承認，他意識到自己缺席會議會對團隊造成了負面影響。」

「我現在對團隊成員很有信心，現在大家變得更善於回應，對話也更有效率，大大提昇了團隊對外的信譽。」

每個人也發現自己的內起了重大的改變：

「我在許多方面都有了改變，我現在更了解與他人的溝通交流的方

式，也了解自己如何影響他人。我能夠控制好自己的行為模式，以利於良好的溝通。我思索自己的交流風格，在不同的場合中，哪些方式有用、哪些方式無效。我的自我敏感度大有提昇，甚至當我沒有堅守承諾時，自己都能察覺到。其中最困難、也是讓我最吃驚的是，當我嚴格要求自我時，我就像在照鏡子一樣，審視自己能否誠實面對自我，指出自己在哪方面有進步，哪些方面停滯不前。」

「現在只要我步入危險區域，就能馬上察覺，自我覺察是最重要、最有用的一件事。我的承諾是以坦誠的態度面對他人的建議。例如，以前每週定期的例會上，會有少數人沒有完成自己分內的工作，我都會對那些人特別沒有耐心，也覺得很生氣，因此不願意傾聽他們的意見。現在我則能坦誠地面對這類情形，並給對方解釋的機會。

我曾遇過一個特別喜歡挑戰我的人，然而透過覺察，我發現自己愈來愈喜歡他，雖然以前我幾乎無法與他共處一室。但經過這幾個月的訓練，我發現自己可以從不同的角度看待他。也許他還沒像我一樣，已經準備好面對彼此，但我已調整好自己的態度，不會再對他一概否定了。」

「不僅是自我覺察，我其它的能力也有所提昇，諸如對他人會如何良性反應的洞察力，這點真的非常重要。此外，我現在學會了三思而後行，更加敏銳地感受到各種類型的聽眾心理，這是一個微小的變化，但卻意義重大。這不像是從 0 分到 10 分的進步，比較像是從 8 分到 10 分的進步，但這小小的 2 分可是非常明顯呢！」

調查報告裡也提到有些人擔心要如何持續或保持這種進步：

「我愈來愈懂得自我覺察，以前我一直用自己的標準看待別人，漠視了其他人面臨的問題，但現在我已經可以看清楚了，這是我以前欠缺的能力。自我覺察真的有好處，所以我依然努力維持，然而一旦忙碌起來，我可

能又會放任自己回到舊有的模式。」

「在與他人的互動中，我愈來愈有自我意識。現在我會思考我的人際技巧，也能善用這項能力去察覺一件事，那就是：我的弱點是如何出現在我的日常計畫中。我嘗試改變，但壓力真的很大，要把『改變』放在心裡的第一位，真的很困難。」

也有許多人看到自己的個人發展和團隊的進步密不可分：

「對於我的表現、團隊以及進展過程等等，我都覺得非常棒。我在專業方面進步很多，也看到團隊更上層樓，這兩方面在在顯示出這項訓練的成果顯著。現在我認知到帶動團隊的職責，其實是在幫助自己，也感覺到自己的責任感增強許多。這個團隊在建立時就遭遇重重困難，所以我更想積極協助團隊成長（同時也是在幫助自己成長）。」

「雖然大家還是跟以前一樣來找我協調，但現在我們的談話比以前更具成效。而他們也對自己的工作深具信心、不斷成長，並且樂在其中。有一天，有位成員來諮詢我的建議，我對待他的方式與以往不同，不再用命令方式指示他該怎麼做，而是以合作協商的方式跟他討論。我的這種轉變也迫使大家自己釐清問題，反思自己的做事方式，因為我不再直接提供答案，而是讓他們認真動腦尋求解決方案。」

「由於我們太專注於手邊工作，以致於沒有想到：工作要有效率，有一半的原因來自與他人的合作。我以前從來沒研究過團隊的行事風格，這很有趣，因為每個人都必需懂得自我覺察，而這次訓練恰好迫使我們停下來，花時間去思考這個問題。現在我是個很厲害的協調溝通者，且善於管理人員。這對我打破與他人間的冷漠關係很有幫助，所以我願意騰出時間與團隊成員溝通，並讓他們理解『這是我一直努力在做的事。』」

所以現在你應該對這支團隊有了完整的畫面，並對他們進行中的目標

有了概念。第 6 章曾提到,這個團隊規劃了一個成功的高效益計畫,而且是之前團隊無法完成的計畫;然而在六個月之內,團隊的變革抗拒改善計畫有了很大的進展,這些進步也幫助了該團隊完成公司的使命。但現在還有一個問題:他們為什麼能夠成功呢?

納森團隊從成功中學到了什麼

「信任」一直是這個團隊的核心問題之一,信任不足讓成員之間無法有效溝通,也讓成員們無法接受不同的工作風格。那麼,究竟要如何培養出彼此的信任呢?而培養信任的因素又是什麼呢?我們認為至少有四個因素:

- 尊重每個人在創造高品質成果上,都扮演了重要的角色。
- 信任他人實現職責的能力(專長)和意願。
- 不論在工作上或私底下,都對人保持關心。
- 言行一致。

這些因素對納森製藥都非常重要。我們首先從查特開始,因為身為團隊領導人,他對形成團隊信任感有非常重要的作用。

領導者是關鍵的角色

查特在建立新團隊前的幾個星期內,開始傾聽同事對於建立團隊的需求,然後著手引進潛在的資源,並讓團隊成員互相選擇願意合作的對象,這樣的傾聽是尊重他人的行為。有些一開始不太高興的成員,也因此把查特迅速又負責任的作法視為領導力:查特絕不會眼睜睜看著任何一個人滅頂,他聘請顧問只是為了增強自己和團隊間的信任,而不管這個顧問是誰,都不會

是查特的代表。此外，一開始這就是團隊成員共同做出的決定，也讓他們可以直接控制結果。

在第一次團隊會議期間，查特與團隊在討論前期調查和個人面談資料時，談到關於他的領導缺點時，整個過程他始終毫無戒心地傾聽，進一步促進了他與成員之間的信任。而許多成員認為查特對工作催得太緊、管得太細、指示過多、不懂得讚賞下屬等評價，查特也都表示理解。當他在團隊會議分享他的個人承諾時，他再次放低姿態，不立即對他人做出反應，而是詢問團隊的想法並積極傾聽，聽完之後才給出回饋或指示。

這個過程是怎樣建立信任的呢？基本上，查特傾聽團隊的回饋是對成員另一種形式的尊重。之後他遵循了這些回饋，表示他肯定了大家想法的價值。在做出反應之前，他先傾聽並理解成員的觀點，做到了「言行一致」。而他願意根據成員的特定回饋採取行動，也表示他願意解決缺乏信任的關鍵因素之一「工作風格的差異」問題。

讓每個人彼此理解並欣賞各自不同的工作方式，當然也包括查特的工作方式，這是一個長期的理想。但如果身為領導者，查特能夠先尊重別人的需求，那這個目標就會更容易達成了。他的公開承諾有直接的象徵意義：即使身為領導者，也需要去理解他人的工作風格（團隊若想成功，不能要求人人都要適應領導者的風格）。除此之外，團隊成員也覺得查特在必要的領域的確是極佳的領導者和經理人。

在第一次團隊會議之後，查特信守自己的承諾，在採取行動前，先傾聽並理解他人的意見，這對培養團隊信任有非常實用的效果。首先，查特徵詢他人意見的風格，能讓他更了解成員在想什麼，形成了信任他人能力與思考品質的信念。此外，傾聽愈多成員說的話，查特就愈能開放地對待成員與其想法，而且變得更在乎成員，成員們自然也能感受到查特的關心。

在此次訓練的數月期間，查特始終遵守承諾，在第一次會議以及之後的會議中，大家分享自己的個人學習挑戰時，查特均不以任何評價的方式（正式或非正式的）給予回饋。要知道，「言行一致」往往比「重視承諾」更重要。

我們感覺不到查特要信守承諾有多困難，回顧從前，他一直堅持一個信念：只要給人們機會，他們一定能成功達成個人目標；但追蹤記錄的作法並不好，可能只會干擾訓練。無論如何，查特沒有將「個人的學習挑戰」列入他對成員的工作評價中，他始終尊重團隊的共享價值，確保成員的個人發展和工作安全。

儘管領導者是建立信任的關鍵因素，但只有領導者一人努力，團隊也不可能成功，成功需要每個人的參與。而團隊的進步之所以如此驚人，還有六個額外的因素：

1. 團隊的共同目標對團隊發展有極大的槓桿作用

團隊決定發展有效溝通，在團隊形成初期是非常合適的，因為這有助於釐清信任問題。對於團隊而言，發展有效溝通的明確協議，彷彿為團隊提供了一個早期的鏈結經驗。即使過程中有人感到受傷或不被認同，但成員們還是喜歡他們一起建立的溝通景象，這景象讓成員們以一種安全有效的方式，找出了先前負面感覺的源頭。

對團隊而言，定義何謂「優質溝通」很重要，這樣他們才能有較多的自主權，去選擇朝哪個方向前進、如何到達目的地。他們清楚地定義了「優質溝通」就是：發展人際信任，確認哪些該做、哪些不該做，並且期許每個人都能遵守這些原則。

回顧一下，他們對訊息發送者的指示是「開放、直接、真誠、即時、

動機清楚、態度不能傲慢」；而對訊息接收者，則應「要假設發送者立意良善，並且仔細地傾聽、用提問來澄清問題（尤其注意語氣），以開放的心態學習」。這一切也提醒他們，要小心那些會阻礙團隊溝通的個人貢獻。而最後也證明了，每個人都願意且有能力做到這件事。

2. 成員都能持續致力於配合團隊目標的個人改善目標

在影響力調查時，當我們問到「成員是否會將個人的發展目標連結到團隊需求？」時，每個人都回答兩者有清楚的連結，而且很多人都說這對他們非常重要：

「我們的每個承諾都是關於如何壯大團隊，並且更關心我們的夥伴和工作。我的承諾會影響到團隊的整體動能，也會跟其他成員互相影響。」

「可以辨識團隊的需求及優勢和劣勢，這真的很棒；不但有助於進一步形成自己的目標，也能讓團隊更有動力。懂得審視內在的自我是有好處的，身為團隊的一員，我們應該要能察覺自己究竟在增加還是削弱團隊整體動能。」

「團隊的需求必需來自團隊成員，如果團隊某部分的弱點特別多，就會影響整個團隊。因此必需徹底改善團隊溝通，所有人也都應為此付出努力。我不覺得自己是為了配合團隊需求，而被迫為此努力，為團隊效力本就理所當然，我認為這是唯一作法。如果你們團隊有一個共同的目標，但你個人卻不拿它當目標，那你又要如何完成這個目標？」

由於每個人都努力要做到更有效的溝通，所以在整個團隊會議上，我們引入了可應用的工具，以滿足每個人的學習需求。在第二次會議上引入MBTI 性格分類指標，引導成員以全新、包容的觀點看待他人（尤其是那些很容易被惹怒的人）。成員們以前會錯誤詮釋他人的溝通方式，MBTI 和推

理階梯法可以幫助成員了解：自己在溝通過程中扮演的角色。這也讓每個人不再那麼自以為是，而能發展出更好的人際交往技巧。

有人評論說：「我之所以為難他們，是因為他們沒有達到我的要求。以前我從來不知道自己有這樣的想法。」這想法非常具有代表性，它讓人更了解自己，原來是自己不相信他人。也因為這種個人學習與成長，而對團隊目標有了更大的貢獻。

3. 將相關的「個人事務」導入團隊業務中

由於「個人事務」與「業務」之間關係密切，所以需要成員們分享其個人事務，並且要明確定義什麼是適合的。對自我的關注在第一次會議就已開始，之後的每次會議也一直持續。一開始，讓每位成員公開陳述他們個人的進步目標，雖然這麼做可能會讓大家受傷，但這個過程正可以讓他們將彼此視為普通人，得知別人也和自己一樣。然後成員們再進一步分享整個變革抗拒地圖，包括對立想法和主要假設，這也揭露出了許多人的隱私，以及更多成員自我保護的需求。

讓成員發現自己與同事溝通不良的意外原因，對團隊信任感的建立有重大且直接的好處。這不僅能讓成員減少拖延，還會讓他們感到溫暖，並且更加關心同事。團隊也適當使用了會議上的個人資訊，隨著成員逐漸了解彼此，個人資訊的適當分享也深化了成員之間的信任。他們聽到的都是同事間正向的提醒或彼此欣賞，沒有任何人「消費」其他人揭露的事。

將個人事務引入團隊業務，以測試重大假設、推翻變革阻力，有助於成員成功實現他們改善溝通的個人目標。但如果不能找出阻礙個人完成其溝通目標的原因，個人或團隊就不可能有這麼大的進步。能將個人事務適當引入團隊專業的領域，自省能力是關鍵的要素，也就是每個成員在審視自己時，

都能坦誠面對當下看到的自己。

回顧第 6 章凱絲推翻自己的變革抗拒所做的努力，她逐漸理解自己的對立性想法如何導致她壓力過大。假設現在這個團隊的成員都在進行同樣的任務，他們有機會向其他成員展現自己的抗拒、測試自己各種主要假設，然後讓別人承認並欣賞他們的變革成果。這對個人學習與工作來說，是個嚴苛的考驗，而且影響甚鉅。

4. 團隊有共同的承諾和強烈的動機要變得更好

基於我們先前的觀察，這支團隊可說是蓄勢待發：「我們之中任何一個人失敗，就代表我們全體失敗。」每個成員都已經登板，不僅帶著個人進步的需求，也帶著團隊的特定學習目標。

他們都知道必需改善彼此的溝通，也急於釐清彼此的需求。其次，定義清楚團隊目標之後，他們也就掌握了目標。他們想要建立信任及改善溝通問題，並不是因為查特或其他必需配合的要求，他們不但沒有違反規定，甚至將自己視為變革的推動者。而查特一個人絕不可能創造這麼高的團隊凝聚力。

5. 團隊的社會結構有利於個人學習

團隊的共同意圖和動機，也讓每個人更專注於手上的工作。變革的典型徵兆之一是：一開始大家的動力都很強，之後就會怠惰下來，尤其是有了長足的進步、而現況也還能忍受時。「時間不夠」永遠是逃避的藉口，但即使工作要求和時間壓力飆升，該團隊成員仍持續在個人目標與團隊目標上努力，這一點實屬難得。為什麼成員能持續努力呢？查特認為：

「最重要的是，你必需讓你的團隊感受到他們要想辦法解決問題，而且

也一定能想出辦法。這個團隊剛開始建立時，整個都很鬆散；而我們又需要改變，所以我們希望由團隊以外的人來幫助我們，後來我們發現這是一個重要、艱鉅且持續的大工程。雖然大家都很忙，但還是要讓成員了解自己為什麼需要這次訓練、他們需要從這次訓練中得到什麼，才能保持動力。」

即使沒身在工作團隊中，人們也能克服其變革抗拒。然而卻有這麼一群人為了增進彼此的能力，而辛苦努力地堅持著，因為他們知道自己為何而努力、知道自己正在幫助團體達成目標、與其他成員互動頻繁，並且能給彼此直接即時的回饋。他們想讓其他成員認為自己既有責任感又有效率，他們喜歡採取「我們說要變革，就一定說到做到！」這樣的行動立場。

改善團隊的共同動機使得每個人都要對其他成員負責。大家的個人目標都不是小事，可以選擇承擔或放棄而離開，然而所有成員都是生命共同體，大家都彼此依賴。每個人也都很清楚自己的目標，同時因為了解他人的目標，所以能自動給予他人相關的回饋。同儕間的壓力和鼓勵，是成員們堅持完成目標的另一個動力來源。

其中一個成員在最後一次反省時，談到以下觀點：

「我認為我們的學習不能獨立進行，每個人都需要跟團隊一起努力。我覺得，如果沒有測試變革是否已經發生，個人被指導的經驗本身過於獨立，就很難自我提升。由於在團隊中，一個人的行為會影響到其他人，而因此得到回饋，所以如果能在團隊中學習，效果會更好。」

6. 學習的整體規劃需符合學習需求

不同的學習需求對時間長短、空間品質、教材種類與資源的要求也不同。因此必需仔細規劃時間、空間和教材等具體細節，這對學習成效有很大的幫助。

從一開始，查特和其團隊就知道，他們的問題不可能只靠自己就能解決，所以他們才會引進外部資源（也就是我們）。他們也知道問題不可能一兩天內就解決，儘管工作的壓力很大，但他們仍然決定花時間去解決這個重要的問題。

我們雙方一起制定時間表，並且視團隊會議為神聖不可侵犯的重點（想想看，要安排這麼多行程滿檔的人來開一整天的會，可是非常有挑戰性呢！）。除了明確設定的學習時間外，多元課程的規畫也形成了一張進步的預計時間表。如果你上過音樂課的話，就知道為下一堂課準備的心情了。讓他們事先知道在六個月內何時與我們會面，可以幫助他們維持焦點，並為下一個階段的參與做好準備。

我們試圖讓每次會議（不論是團隊會議，或個人指導課程）都有足夠的安全感，也有適度的風險。研究結果顯示，一面隨時支持、一面給予挑戰，是最有利成長的工具。我們也設計了實際操作時間，讓大家在會議之外，依然可以更理解、更欣賞彼此；而我們選擇的工具也做到了這一點。此外，我們在過程中收集與分享的資料，也強化了成員何時、何地、如何進一步完成團隊與個人目標的能力。

納森團隊證明了「提高能力」是最具企圖心、成本效益最高的方法。即使在壓力下，團隊仍完整展現出自然、持久的特性，並產生了強而有力的支持與誘因，讓每個成員都能帶著自己的改善目標，團結在一起。總而言之，因為他們的持續成長，團隊也得到了更高的績效回報。

在 Part II 的最後幾章中，你已經見識到不同領域、不同性格的人都在用自己的方式進行「變革抗拒訓練」。你心動了嗎？是否已經開始考慮讓自己或你的團隊嘗試這種訓練呢？在本書的 Part III 中，我們將告訴你成功克服變革抗拒的關鍵因素，然後幫助你診斷並克服自身的變革阻力。

Part III

破解變革抗拒
釋放個人潛能啟動變革開關的方法

第**8**章

釋放潛能的三大要素

很多人都會問我們：「哪些人比較適合用你們的方法變革？」一般而言，這類問題可能會有以下假設：「我敢打賭，這是女人才會做的事。」（或「這是美國人（或歐洲人）會做的事，不適用於亞洲人」，抑或「這是政府社會科才會做的事」）。希望本書舉出的例子能澄清這些問題，也就是說，以上假設完全未經證實。

但我們發現有些人特別擅於解決這些抗拒。與以下三個因素連結愈多的人，其改變就愈明顯。為了方便記憶，我們將這三個因素用「腸道」、「大腦和心」、「手」做為代稱，以下就依序來看看它們是什麼。

🔓 【要素一】腸道──變革動機的重要來源

一個人想開始做某件事並保持進展，就必需非常、非常想完成變革抗拒地圖的第一欄目標。若只是有一個覺得「合理」的目標，那根本就不夠，即便背後有多重要、多合邏輯的理由也一樣。「理由」可以點燃我們改變的動機，但不足以幫助我們跨過改變的關卡。

「理由」只是讓你在「應該改」和「需要改」之間拉扯而已，必需要有那種彷彿來自身體內臟的需求和渴望，才會讓你真正想改變自己。這也就

是為什麼說動機是從腸道來的。

我們也曾見過原本視第一欄目標為「重要」、「非常重要」（在五點量表上標為 4 或 5）的人，最後卻不在乎目標了。為什麼？雖然他們不會老實告訴你，但實際上就是他們沒有這樣的胃口去容納變革帶來的不愉快。這些人在變革抗拒地圖一看到若要達到目標，就必需放下自我保護，簡直就嚇壞了，於是紛紛重新評估這些目標的重要性。

結果一個目標的重要性，在前一小時被評為 4 或 5 分，沒多久又變得微不足道，這是人們處理認知失調的一種方式。這種對改變的抗拒感是來自一種強大的腸道感覺，要一個人脫離自我保護的代價太高，已經不是這個人支付得起的，想要達成某個深切期待的目標，已經不可能了。

Part II 的大衛和凱絲之所以能夠成功，是因為他們把目標視為比「非常重要」還重要的事；他們認為這些問題非解決不可。換言之，他們覺得這些問題再不解決，他們就受不了了，所以他們絕對不會放棄，而他們能忍受的程度，也決定了他們可以達到的極限，因為他們已經意識到再不改變的話，將會付出非常高昂的代價。

這種不得不改變的強烈企圖源自於：如果不改變，我們所愛的人、所在乎的事都會有危險。我們在撰寫本書時，正在幫助一位事業成功的領導者，他正處於填寫變革抗拒地圖的階段，他之所以想改變，原本只是單純為了工作，希望在公司成為一位更好的傾聽者。

但是，幾個星期後，他女兒的治療師告訴他，女兒的失控行為應該和他以及他的冷漠有關，他聽完之後幾乎心碎了。他明白了自己的無法傾聽，不僅影響了工作，也傷害到自己和女兒的關係，這也讓他改變的動機變得更強烈了，第一次了解到自己傷害女兒有多深，讓他彷彿挖掘到改變動機的大水庫一樣。

　　因此，腸道等級的壓力急迫性，經常是一個人改變動機的來源。另一個動機來源則是：相信自己可以達到目標，也就是「自我效能」。你可能有一個很在乎的目標（例如，想展現自己、一股熱情、改善一個缺點、增加自己的實力等等），但如果你不把這個目標放進腸道裡，讓自己為達目標什麼事都做，那你就無法為「改變」做些什麼，最後就什麼也不做了。

　　對某些人而言，只要在他們面前展示變革抗拒地圖，就能引導他們看見達成目標的方向和希望。他們可能因為一個突然的頓悟，就決定要改變。於是當他們發現自己的抗拒時，一扇過去未曾發現的希望之門就打開了，即便一開始感覺很沮喪，但很多人更覺得在發現失控行為背後的原因時，克服變革抗拒就是一種承諾和機會。

　　安娜是一位終身職副教授，也擔任系上的主任職，在我們請她寫下省思時，她描述了完成目標的轉折點：

　　在填寫變革抗拒地圖的階段，我從「必需一直為別人做事」的魔咒中解脫，因而可以開始做自己的事。過去我實在是承擔太多承諾了，一直扮演責任繁多但卻毫無權力的角色，撿拾許多同事丟棄的工作來做，被許多自己不感興趣的研究捆綁。

　　四欄練習給了我頓悟的火花，也讓我走進幾乎未知的水域，也就是說，讓我有信心設立目標並且努力達成目標。回想這些課程，我覺得它們真的是讓我大開眼界，並且激勵了我，讓我有勇氣允許自己走一條不一樣的路。

　　在檢視安娜的隱藏想法時，她對於自己下意識只為別人工作的悲慘處境有了頓悟。以下是她自己的發現：

　　在我準備進行第三欄時，改變開始發生了。我寫下自己的恐懼：「我很容易犯錯、我不夠完美，可能沒辦法把工作做好」，當我真的把這些話說出來時，我忍不住大嘆：「天啊！」，然後感覺自己的情緒愈來愈低落，這

些擔心是真的！我知道我不得不審視自己的工作了。

在系上同儕評議就是一切，你應該只有在第一次接受同儕評議時，還能維持天真的想法，接下來你就會備好猶如盔甲般的盾牌，拚命保護自己。或許別人都覺得我堅強、耐操，並且有擋不住的衝勁，但我並不是這樣看待自己的。

我其實有很多想做的事，卻把太多的時間都給了別人了，這讓我很受挫，但其實讓我接那麼多委員會，並且答應別人所有的要求，是因為做他們的事遠比做我自己的事容易多了，這一切都是因為我害怕自己不夠好！

從新的見解當中，安娜已經制定了一項計畫，讓她可以去做自己想做的事：「在這個課程結束時，我決定自己要更有自信，同時要找出更多方法和時間去完成我的工作。我已經可以想像，如果我能用更多時間去做這些工作，我一定能得到更多正面的肯定。」

安娜後來的成就果然令人驚豔：

我是今年「卓越研究員計畫」的得主，現在正在跟一家知名的教科書出版商討論出版一本遺傳學創新學習參考書的合約。我也向美國國家科學基金會申請了一項相關的計畫，審查的過程很順利，我預期應該會通過。

同時，我也寫了幾篇有關這個新方法和它對遺傳學影響的論文。如果你在幾年前認識我，你就會知道這是很大的轉變，我大部分的時間不再過得痛苦，脾氣也不再暴躁，而是過得很開心，這對我的後半生有很正向的影響，我終於可以好好吃東西，也有充分的時間運動，一切都上了軌道。

所以，直覺可以幫助我們準備採取行動，因為維持現狀的成本（對自己或他人）已經高得令人難以忍受，又或者過去不明確的前進方向，現在也變得清晰了。腸道動機的第三種來源便是：個人經歷了極大的心理失調。

在這些案例中，主角們感受到有必要解決自己身上明顯的落差，可能是認知的、情感的，或行為上的落差。它可能是一種不匹配的狀態，讓人不喜歡自己（比如：我想要戒煙，結果卻愈抽愈多），有些人希望自己能像他所仰慕的人（比如威爾斯的手機推銷員保羅‧波茨夢想當一名歌劇演員，有一天能為女王表演）。

第一欄目標可以是糾正一個缺失（例如變成一位更好的代理商），或理解一種更全面的自我擴展（例如有位優秀的資深主管，儘管已快退休，但為了個人的滿足，他很希望能成為更好的導師，並且「垂簾聽政」）。

在其他案例中，很多人都看見了自己的矛盾，一腳採油門、一腳踩煞車，一再刺激腸道。如同心理學家威廉‧佩里（William Perry）觀察到的：「生物體都有組織能力，而人類這種生物體則能組織現實」。只要把極不符合人們自我組織的鮮明畫面擺到在他們面前，通常都可以引起人們的關注。

「直覺」是驅策行動的來源，也是我們內心最深處的慾望，能帶給我們動機和能量，使我們得以面對適應性變革的挑戰。當人們踏出了承諾改變的第一步之後，還需要一些資源來維持這個過程，也就是接下來的兩個因素，這也是開始享受變革帶來的好處所產生的。

【要素二】大腦和心——思考與感覺併用才能克服抗拒

在每個適應性挑戰中，問題的範圍通常只在我們脖子的上下，也就是大腦到心臟的區域。因為變革抗拒呈現的思考和感覺，有一定的心智複雜度，我們必需同時在這兩方面下功夫，才可能真正做到適應性的改變。

光靠思考或努力並不足以解決適應性問題，還需要考量問題本身既有的感覺，而我們的感覺和我們的所知關係密切，我們的所知若沒有差別，感

受自然也就沒有不同。我們需要更大的情緒與認知的空間，以體驗適應性挑戰引發的內部衝突和不諧調，但這些其實都可以避免和解決。

同時擁有思考跟感覺

記得第 5 章的大衛嗎？他的目標是「成為更好的管理者，集中火力在少數關鍵的專案」。表面上看起來，這個目標似乎很簡單，也沒什麼情緒。但只要檢視一下大衛的抗拒地圖，就會發現：他的目標其實是一個適應性的問題，尤其是他的管理和認同連結了「有效領導」的信念。他的基本預設立場是：「我相信什麼都不用做的管理者一文不值。如果我不能什麼都自己來，我就是個自私、懶惰、驕縱，連自己都看不起自己的人」

要破除這個假設，大衛必需重新定義何謂「有效領導」，不只在理智上，還必需打從內心深處思考。因此，他可以繼續尊重和喜歡自己、忠於自己的本質、當好一個管理者。

換句話說，大衛改變了他看待「領導」的心態，在他感到不忠和自我蔑視時，他必需去面對這些感覺，即便他已經脫離自己長久以來認定的好領導者標準時，不忠和自我蔑視的感覺仍可能不時地出現。

如同前文說過的，這種抗拒變革的心態不僅是一種認知，也是一種微妙的焦慮管理系統。調整這種心態，就像在絕境中修改一個已經校正好、相當耐用、可長期使用的避險工具。任何抗拒系統其實都是一種保護自身的聰明力量，甚至是一種保命的方式，那你就知道它和心是如何通力合作了。

人們在檢視自己的變革抗拒地圖時，都一定會看到兩件事實：自己在

用什麼方式保有好處，以及為此必需付出的代價。克服適應性挑戰是一種大腦和心的考量，類似代價與獲益方程式的另一種說法。

在嘗試改變時，不妨試著學會思考和感受，好讓自己仍然保有安全感，這也是改變的一種挑戰，也就是我們所謂的「克服焦慮」：用另一種方式，以及對世界不一樣的了解，生活在跟自己原先想像不一樣的世界，而仍然是安全的，甚至體驗到更寶貴的好處，也就是做一些過去自己認為不可能的事。這麼做不僅可以生存，還能成長茁壯；同時思考自己的感覺，然後感覺自己進入了新思維，這是一種對風險與獲益的重新計算。

為了具體說明這個過程，我們來看看第 6 章凱絲的例子。以下的圖 8-1 呈現凱絲無意識地被困在抗拒系統時（之前），從別人和自己身上獲得的好處，以及她有意識地擺脫抗拒系統，翻轉了自己的處境時（之後）。

在兩種狀態中，凱絲都得到了好處，差別在於後者的好處有助於她控

好處	被困在抗拒時	擺脫抗拒後
凱絲從他人身上獲得的	· 我必需是十項全能且是團隊中最可靠的人。我能讓團隊成員認為我很可靠。 · 我必需成為團隊成員的靠山（110% 的努力和確認每件事是完美的）。	· 我仍然能被團隊成員認為我很可靠。別人之所以尊重我，不僅是因為我能做什麼，同時也是因為我是誰。 · 當他們認為我已經處於高度緊張的狀態時，他們會不斷地提醒我。 · 我在工作上經常會可以獲得特別的回饋，而成員們也很感謝我對團隊的貢獻。

圖 8-1 **凱絲獲得的好處：擺脫抗拒的前和後**

凱絲從自己身上獲得的	・我避免覺得自己是無能的，而且不讓別人搶走我喜歡的工作。 ・我知道我可以提供最完美的產品。 ・我總是付出自己最好的一面，不能也不會辜負我的團隊成員。 ・我成功地在別人面前隱藏我的防衛心。	・我有自信。因為真正了解自己的價值後，我的滿足感增加了。我不再擔心珍貴的東西會被搶走。不再深深覺得自己是無能的。更感覺到我的價值來自內在而非外在。（在我做什麼之前，我可以先做自己，我信任和運用自己獨特的覺察、經驗和知識，以製造最優秀的產品。） ・因為愈來愈能照顧自己，我感到很滿足，能運用自己的理解力做出好的決定，包括我應該做什麼工作、如何去做。我不擔心工作過度，因為我會問自己：「此刻什麼是我能掌控的？什麼又是我不能掌控的？」再就我所能掌控的部分做選擇。

續圖 8-1 **凱絲獲得的好處：擺脫抗拒的前和後**

制自己的情緒。讓凱絲從情緒化反應、不求助、不拒絕、工作過度，變成為有效管理情緒、安排工作優先順序和放慢工作步調、能夠對別人和自己說不。

接下來看看大衛在風險和獲益間的轉變經驗，大衛一開始是個「身體力行者」，凡事都要自己來，從不向人求助。經過一段時間之後，他發現有所選擇地做事、把重心放在核心的優先事物上，能讓他得到更大的好處：他可以積極地享受生活，也變得更喜歡自己，這是他過去很不屑的生命態度，圖 8-2（見第 217 頁的）描述了他的轉折。

當人們發現這些不曾有過的選擇是如此急迫，便開始感到新的能量和希望。試著活在一個少量安全感的狀態下，結果反而得到更寬廣的天空，以及願意持續工作的動機。新的思維帶來新的感受，而新的感受又鼓舞了有效能的新思維。被困在抗拒系統中的能量一旦釋放後，自身變得更有能力，也更能掌控生活，新的能量產生新的行動，而行動又強化了適應的過程，這也帶來了成功變革的第三個要素。

🔓 【要素三】手——思考與行動同時改變

我們不能枉顧完成目標的動機有多強，就只是思考或感覺自己如何脫離抗拒系統。德國哲學家康德（Kant）❶ 說：「沒有概念的知覺是盲目的」，心態確實能創造出我們看見的事物。但是沒有開頭的概念亦無用處，

---

❶ 伊曼努爾·康德（Immanuel Kant，1724 ～ 1804 年），德國古典哲學創始人，德國思想界的代表人物，開啟了德國唯心主義和康德主義等諸多流派，其學說對近代西方哲學影響深遠。被認為是繼蘇格拉底、柏拉圖和亞里士多德後，西方最具影響力的思想家之一。

好處	被困在抗拒時	擺脫抗拒後
大衛從他人身上獲得的	・同事們認為我是極佳的問題解決者、凡事都做得比他們好的人，我也因此贏得了他們的尊重。	・每個人都喜歡知道工作的進度，包括工作的方向在哪裡、了解為什麼要往這個方向去。同事覺得我讓他們自己做決策是一件很棒的事，更棒的是，大家會告訴我如何用不同的方式前進，這是很寶貴的經驗，勝過我自己一個人單打獨鬥。
大衛從自己身上獲得的	・我避免覺得自己是個自私、懶惰、驕縱、高高在上的人。 ・單打獨鬥地工作讓我感覺自己很重要、有價值，會讓我很有生產力。也讓我跟別人有連結，我正在做「超級厲害」的工作，當明星的感覺很棒。 ・我覺得自己跟工作階級不相稱，我好像一直在做會弄髒手的工作（我比任何人都適合在現場工作），即便我是個穿著西裝的老闆。	・花時間幫助我的人變得更有效率了，這讓我覺得自己變得重要且有價值。（我發現我更了解下屬做的事了） ・我對生產力有了不同的看法，它讓我為自己的本性感到驕傲。（我不是自私的人，而是樂於幫助他人的人） ・我深深以身為一個領導者為榮，可以指導下屬工作，並為工作尋找最好的資源（人和錢）。我有了更明確滿足的領導體驗，過去我不認為自己需要了解這些，但現在我知道自己確實需要了解，以便為工作制定方向。我並不需要比我的部屬更優秀，事實上，我如果真比他們優秀，反而無法做好自己的工作呢！

圖 8-2　大衛獲得的好處：之前和之後

我們必需採取新的行動。成功是隨著有目的、特定的行動而來的——把手伸出去——做出不再抗拒的動作,藉此測試自己的心態。

　　我們可以從行動最溫和的部分開始,首先,觀察我們寫在第二欄的行為——做與不做。這些觀察讓我們可以看到潛藏的對立想法和主要假設,增加我們對心態更多真實面的了解。也可以讓我們看到主要假設運作的範圍,要付出比自己預期更高的代價,會引發更大的變革動機。大衛最早的自我觀察就是這樣,例如「觀察個人行動中的主要假設」。

觀察個人行動中的主要假設

　　大衛發現自己總是不斷接下工作,而且拒絕別人的幫助,這些行為顯然違背了他的意圖,他真正想要的是管理好下屬,好讓自己可以做更有影響力的事。

　　一開始,他事事親力親為又不向人求助,是因為他覺得「做些什麼」要比「只是了解什麼」好(在開始填寫變革抗拒地圖時)。觀察了自己的行為,再轉向自己的內在經驗,他才發現原來他一直覺得「凡事一個人來,會顯得自己比較有重要性和價值感,也能讓我和其他人有所連結,而且我是在做很了不起的工作,我喜歡那種當明星的感覺。」

　　而且他也獲得了團隊的尊重:「同事們認為我是極佳的問題解決者,我也因此贏得了他們的尊重。」這些是他在第三欄中所陳述的,他想保有自己想要的樣子,也就是一個重要、有價值的明星。

　　自我觀察也讓大衛看到,無法授權的問題不僅發生在工作上,也發生在他的生活裡,他從來不雇用任何人來整理家務。他笑著告訴我們:「我沒辦法請人修剪草坪。」他甚至無法讓別人幫他燙衣服。

　　下一個「做」的步驟包括發展新行為，也就是「主要假設」不准我們做的事，好讓我們可以確認自己的心態。我們需要採取某些行動，以獲得我們需要的資訊。我們可以透過某些有心的舉動去測試自己的心態，然後收集資料和解釋這些資料。

　　我們唯一的目的是收集相關資料，以測試我們的主要假設。但這不是要我們改善或變得更好，只是純粹要獲得資訊。為此我們再次進入適應性挑戰的最佳位置，找出會限制我們的安全感，當我們停止自我設限，就不會產生預期的不良後果，我們依然是安全的。不只如此，一旦我們做出更多行動，那種接近變革目標而產生的興奮感、成就感和掌控感也會增加。這些就是大衛所學到的，請見「進行主要假設測試」。

進行主要假設測試

　　回到大衛的例子，且看他如何結合心態和行為來適應工作。接下來的幾個星期，大衛停下了部分他一直自己在做的事，轉而要求團隊接手。在此之前，大衛先根據這些人的優點與長處，決定找哪些人幫忙。也因此提高了接手工作的人完成任務的成功率。

　　還記得大衛想要授權的關鍵原因嗎？他希望把重心放在挑選及處理關鍵議題上。於是他釐清了三大重點，然後開始行動。

　　此時大衛的變革工作已經進行到行為部分了。如果沒有下一個步驟，他的動作也只是解決了適應性挑戰的技術性問題而已，也就是說，他所採取的行動是「變得更好」與「獲取訊息」。

　　然而當他運用新行為去測試自己的心態、收集成為領導者的相關資訊，並停下手邊的工作轉而投入其他優先事項，努力完成自己的目

標時，他依然可以創造自己的價值。這是一個很好的測試，他事先並不知道自己會感覺到什麼。他收集到的資料可能會強化他對問題的既有概念、以及繼續保護自己的需要，也可能再形成新的問題，減少或推翻變革的成效。

他請團隊填問卷，觀察授權後發生的改變：當他給了部屬出風頭的機會時，發現部屬其實做得比他好；這讓他對部屬的成功有了很複雜的感受（一方面對部屬的工作表現感到欣慰，一方面又有點不是滋味）。大家都很讚賞他能大方接受別人做事的方式；他則為自己終於想通了而感到驕傲。大衛提供機會和環境讓其他人也能成功，他也因此變得更有價值。

大衛同時收集自己開始努力這麼做之後，發生了什麼情況。起初，他認為自己的工作並不重大，也不是很私人，但後來他發現了更新、更深入與人連結的方式，這個方式更有能量、得到的結果也更好。這些都助長了他的興奮和信念，他現在覺得放下「細節」，反而有更大的價值，轉而思考和規劃「正確」的工作。

大衛原來的假設是：「我相信什麼都不做的管理者一文不值。如果我不能什麼都自己來，我就是個自私、懶惰、驕縱，連自己都看不起自己的人」。在採用新的做法測試這樣的心態，並收集這些行為帶來的結果後，他的新假設變成：「不是我必需這麼做，而是我需要了解各個部分要如何相互配合，才能有效完成大格局的工作。甚至無關完成工作的技術，而是詳細的資訊。」

把心態和行為同時擺在變革的計畫中並不容易，變革的人多半只喜歡其中某一個改變，或經常強調這些改變有多困難。有些人覺得要改變自己的行為很難，他們可以為某些其他理由而行動，例如，想證明自己辦得到（不管是什麼挑戰）、想完成某些事、想變得勇敢、想解決問題。就像一個病人因為疼痛症狀消除，而過早停用青黴素，許多人在某些特定行為發生短期變化時，就自亂陣腳，以致沒有完成最終的目標。

這一點完全可以理解，如果你十年來一直想減個五公斤，努力節食後你終於減肥成功，你可能會認為自己已經完成目標。但你的目標並不只是減輕五公斤，有太多人減了很多次的五公斤好嗎？！你的目標其實是：減輕五公斤並且維持體重。

因此，要減肥成功必需有行為、思考和感受的改變，為了讓思考和感受改變，得先讓心態改變。真正的適應性變革要先有心態上的變化，然後持續將行為改變時學到的東西，轉移到心態上來。

還有一種常見現象：有些人會被變革抗拒地圖所帶來的自我了解所衝擊，一直在思考、分析和反思，然後只用一點點力氣去行動。為什麼會這樣的原因，他們自然心知肚明，但我們推測可能是：一個人愈是了解自己，就愈是被迫要改變自己。然而光是反思卻沒有行動，就和光是行動而沒有反思一樣，都沒有什麼建設性。

有趣的是，愈是兩個截然相反的無建設性走向，就愈會採用同樣有缺陷的行動理論，「如果我做得更多（更多行動，或更多領悟），就能解開為什麼我無法改變的原因了。」

🔓 適應性變革成功人士的共同特徵

我們的討論到目前為止，都集中在大衛型、凱絲型的需求，也就是腸道、大腦和心、手等的討論。巧的是在這兩個例子中，社會環境都扮演了重要的角色。並不是說兩個案例都需要教練指導，而是在這兩個人的變革過程中，團隊成員、配偶、好朋友或同事等，都是他們不可缺的助力。

如果沒有這些環境因素，我們很難完整地看見自己。換言之，我們會受限於自己的視野。就像在一部有名的卡通裡，有個工作很認真的藝術家叫蓋瑞·拉森，在他作畫時，模特兒明明以完美的姿勢坐在他面前，但他在畫布上畫的卻是一隻巨大的昆蟲，這是怎麼一回事？

然後你慢慢留意到蓋瑞的眼鏡上好像有什麼東西，原來鏡片上竟停了一隻小蒼蠅。如果蓋瑞沒有把作品拿給別人看，他可能還很得意自己寫實畫的功力有夠好呢！因為沒有其他人可以幫他挑戰自己有缺陷的世界觀。

當我們的學習有社會標準可以參照時，就比較容易保持進步。比如讓其他人知道你正努力要成為更好的傾聽者（或許還可以請他們幫忙填問卷），當他們知道你的目的時，你就可以隨時詢問他們的意見，他們也可能主動給你意見，甚至讓你知道你是否成功完成目標了。

有時你可能只是在大廳遇見某個人，或從手機中聽到幾聲問候，都會提醒你正在努力的事，然後快速有效地幫助你回到軌道上。除此之外，單單只是想到別人也知道你正在努力的事，就足以形成一種社會責任感，讓你不斷地追求自己的目標。

接著來談談適應性運作的關鍵特徵：從腸道運作、連結大腦和心，以

及採取特定的行動（手），都在同一個社會脈絡下進行。當這些要素都到位了，就能看到變革者的變化了，以下是我們幫助過的適應性變革者的共通性：

● 他們都成功地改變了自己的心態和行為；而不是只有心態或行為其中一種改變，然後期望另一種也跟著變。

● 他們都變得熱衷並專注於觀察自己的想法、情感和行為，也學會使用這些資訊。他們會主動不斷修正這些指導計畫，而不只是照著計畫行動而已。

● 心態改變之後，他們會一直觀察和感受更多的可能性：過去認為自己不能或不應進入的領域（因為遙不可及或過於危險），現在完全可以靠近了。

● 他們採取集中風險和建構新價值觀的假設，是根據他們新行動所得到的實際結果，而不是自己想像出來的。一開始因適應挑戰而產生的焦慮減少了，即使無法完全消除，但至少他們的快樂經驗已顯著上升。

● 他們體驗到支配感提升、選擇變多、掌控的範圍更廣，以及更大的自由度。他們不斷進步，甚至完成了第一欄的目標，而且成果大大超出原先的預期。因為他們已經發展出新的心理能力，而不只是單一問題的解決方法，他們還能將這些能力應用到工作和生活的其他挑戰上。

你已經準備好要釋放自己、同事、工作團隊或組織的潛能了嗎？當這些被禁錮的能量用於其他用途時，你和其他人會發生什麼事呢？如果你對這些問題有興趣，下一步你打算怎麼做？我們的建議是，趕快開始製作你的克服變革抗拒計畫吧！

　　你的變革抗拒地圖會是什麼樣子呢？當你將自己想改變的部分，轉換成一個又一個問題時，你的改進目標會是什麼？對你來說，梳理出這些問題的意義又是什麼？如果你對以上問題有興趣，就請繼續翻閱接下來的章節吧！

第9章

診斷你的變革抗拒

　　自從《說法可以改變作法》一書出版以來，我們已經用建構變革抗拒地圖的方式，指導了數以千計的專業工作者，也訓練了上百位實踐者，去指導別人完成變革的歷程。

　　早期雖然其中大部分的人都認為自己受益匪淺，但仍有 30％至 40％的人不這麼認為，他們大多表示「很感興趣」或「很值得學習」，卻沒有得到跟變革成功者一樣的有效學習經驗。

　　因此，我們著手確認與強化這些人的變革抗拒地圖的不足，結果成功地降低了失敗率。現在，幾乎多數的參與者都能體驗到變革抗拒地圖的好處與驚人效果（在五分量表上標記 4 或 5 分）。

　　如果你從來沒描繪過自己的變革抗拒地圖，那你一定能成為克服變革抗拒的受益者。如果你已經讀過《說法可以改變作法》一書，而且開始描繪自己的變革抗拒地圖了，那你千萬不能錯過這一章。因為只要讀過本章，你就能建立更強而有力的變革抗拒地圖，並且避開常見的陷阱。

🔓 踏出第一步──建立自己的變革抗拒地圖

對於第一步「設定一個好的改進目標」的重要性毋需多言，以第 2 章彼得‧多諾萬的資深團隊為例，在此提供兩個不同的開始方式。第一種方式可以給你三小時非常有趣的經驗，但沒什麼效果；第二種方式如彼得所言，它啟動了一個完全改變公司領導團隊 DNA 的過程。

第一次的課程，我們為行政人員（十八名成員，包括所有的 C 級領導人和他們的下屬）進行了一個為期三天的「領導研習營」。我們以旁觀者的角色，邀請學員們當場設定第一步的改進目標。我們請他們花幾分鐘時間想三到四個工作上最重要、最富挑戰性的地方，之後問他們：「為了讓這些部分明顯變好，你最需要改善的是什麼？」

大家很快就提出一些想法，逐漸構築出一幅透視圖，那些阻止他們完成任務的原因和過程，也隨之一清二楚。許多人發現建構變革抗拒地圖雖然要花好幾小時的反思時間，卻是一種有趣的方式。最後大家都很驚訝這些以前未曾察覺的部分，竟無聲無息地存在自己身邊。他們認為整個「變革抗拒」的概念是一種刺激和啟發。彼得很感謝我們提供了這麼有效的課程，並認為這個課程對團隊非常有價值。

實則不然。

一年後，我們再度與彼得討論。他認為我們所做的事對於公司的人與事幾乎沒有任何效果，他的解釋是其他參加過課程的領導者從沒說過的：

如果這個練習的目的只是要證明「變革抗拒」是一個有趣的概念，那麼只要讓大家運用自己的經驗來體會這一連串的觀點就夠了。但如果練習的目的是想讓個人有顯著的改變，或跟我們一樣想改變整個團隊，那關

鍵第一步是什麼？畢竟，在診斷之後，大家都希望接下來能有戲劇性的改變，如果沒有絕佳的目標，那麼再好的技術也只會製造出錯誤的結果。

在選擇第一步的目標時，不能完全任由他們自行選擇。我們需要多一點的資訊，人最大的問題就是自欺欺人，所以我們要如何不靠自己有限的所知，達成進步的目的呢？

彼得和他的兩位特助好奇地用不同的方法再試一次，他們花了很多時間檢視工作人員、給他們回饋、找出改善目標等。一年後，他們仍然看不到太多的改變，於是他們有了兩個想法：

● 或許檢視「變革抗拒」的過程可以終止同樣的情形一再發生，然後在評估和回饋的過程中，逐步提高投資報酬率。

● 參加課程的人有太多的個人改善目標，如果我們只要求一件「頭條大事」，然後全力以赴做好它，會不會比較好？

他們努力於讓團隊成員找出重要的改善目標，如同第 3 章所言，「頭條大事」一詞成了他們公司常用的詞彙。每位行政人員都被要求找出個人的單一目標，並且被問道：「對你而言，能激勵你獲得最大好處的目標是什麼？」、「能明顯增加你在公司的價值的目標是什麼？」。這個目標不是去學什麼新技術，而是指個人成長的目標，但並不是要求員工要徹底改變自己的人格。

在下一個團隊研習行動之前，每位成員都從以下幾種來源獲得了一對一的回饋：

● 在考評分紅（或升遷等）時，那個改善目標和你的改善目標最不一樣的人。

● 同事說的可以讓你成為更好的團隊成員的事。

● 至少有一個人在報告中提到：「以下是讓我能對你有用的部分……」。

最高領導者分享這些讓下屬大有進步的「頭條大事」，然後鼓勵他們：「我們真的被其他人的目標激勵了嗎？我們都覺得這些頭條大事能讓公司變得大不同嗎？」他們還互相挑戰彼此的「頭條大事」。

除此之外，他們也會諮詢執行顧問，有時則詢問自己的部門或同事，以確認自己的改善目標夠好，而且不停地在辦公室裡拉選票。就像彼得當時說的，他們下班後也會徵詢家人的意見，以確認自己選定的目標能帶來真正的進步。

我們有一位擅長研究方法的夥伴說：「一開始就搞砸的原始設計，是不可能得出之後的精采分析。」那要怎麼做才不會搞砸原始設計呢？首先是「不要指望一次就全部做完」，你必需先收集一些外來資訊、和周邊的人聊一聊、與家人或同事談一談，看看你目標實現後的結果，能不能讓他們眼睛為之一亮。問問他們是否有其他的想法，或對你更有價值、讓你更感興趣的目標。在還沒得到周遭他人的確認之前，不要輕易設定你的第一步目標。

🔓 第一欄：你的改善目標

在準備工作就緒之後，就可以開始用圖 9-1（見第 229 頁）描繪你的變革抗拒地圖了。為了幫助你順利透視自我，我們以佛瑞德這位行政人員為例（佛瑞德是第 8 章提到的人，他的目標是成為一個好的傾聽者，這一點對他和女兒的親子關係很重要）。

你是否已經有了些想法，開始寫第一欄的改善目標了？（好吧！我們知道你還沒開始寫，你才剛讀了前面幾頁嘛，別這樣，試著直接做做看，

1. 好處	2 做了什麼／沒做什麼	3 潛藏的對立想法	4. 主要假設
		擔憂箱：	

圖 9-1 **建立你的變革抗拒地圖**

你就會對變革抗拒有更深入的了解，慢慢來，試著在第一欄寫下你的改善目標。）

　　圖 9-2（見第 230 頁）是佛瑞德的第一欄原始資料，他的目標符合以下幾點要求，你也看看自己第一欄的目標，是否也符合了這些標準：

　● 對想要變革的人來說，第一欄的目標是很重要的。如果他能在這件事情上有所改變，對他而言可是大事一樁。他很想把這件事做好，甚至感覺有急迫性的需要，不只因為這樣做對他有好處，也因為他認為自己必需這麼做。

● 對他周圍的人而言這很重要。如果他能做得到，周圍的人都會為他叫好。

● 他很清楚實現這個目標的主要關鍵在於自己。在這方面的改善要看他怎麼做，但他就是必需改變。（畢竟有些設定好目標的人會想：「只要那些人不要用一些無聊或沒意義的話來煩我，我一定會是個好的傾聽者。」）

如果你第一欄的內容初步沒有達到這些要求，也不用擔心，這是第一次練習常常會出現的問題。無論如何，當你第一欄的內容沒有符合這些要求時，請不要急著進入第二欄，為了將來變革的效果能更好，請花點時間更正你的第一欄內容，直到它完全符合上述要求為止。

即使佛瑞德的第一欄內容似乎都符合這些要求，我們依然能找出一些

1. 好處	2. 做了什麼／沒做什麼	3. 潛藏的對立想法	4. 主要假設
成為更好的傾聽者（不要任由心思神遊），不要沒有耐心。		擔憂箱：	

圖 9-2　佛瑞德的第一欄目標初稿

可以再修正的地方。例如，他似乎用負面的方式在強化自己的目標，他說他
「不想要」如何如何（「不要任由心思神遊、不要沒有耐心」）。其實用肯
定的方式去描述自己希望的改變，會比用「不要或停止」這類描述更有力
量。如果你的描述中也有這種情形，建議你趕快修正它。佛瑞德的第一欄內
容修正後如以下的圖 9-3：

1. 好處	2. 做了什麼／沒做什麼	3. 潛藏的對立想法	4. 主要假設
成為更好的傾聽者（尤其要懂得停留在當下、保持專注、更有耐心）		擔憂箱：	

圖 9-3　佛瑞德修正後的第一欄目標

🔓 第二欄：你的無畏清單

第二步驟都是找出阻礙你第一欄目標的事，也就是列出你所做的不利
於目標達成的事（或你沒做的）。

先自在花點時間寫下第二欄的內容，在此之前先說明如下：

● 盡可能具體地列出你所做的或你沒做的事，以佛瑞德為例，他在第

二欄寫下「我沒耐心」，而其他人或許為自己的溝通困難寫下了「我不喜歡發生衝突」。這些都是很好的描述，直接表達的是心裡的想法，而不是外在的行為。接下來我們會進一步問道：「你做了什麼或少做什麼，以致於你覺得自己沒耐心、不舒服，或有其他不愉快的感覺？」在你練習寫第二欄時，先看看圖 9-4（見第 233 頁）佛瑞德的例子。

● 盡可能多寫一點，寫得愈多表示你愈誠實，你的變革抗拒地圖診斷效果也會愈好。請記住，沒有人會去看你寫什麼，所以儘管寫，愈深入愈好。書寫的目的並不是要讓你難堪或指出你的錯誤，這一欄寫得愈多，最後的收穫就愈豐富。

● 確認你所寫的都是阻礙第一欄目標的事（某些你所做的事確實對達成第一欄的目標有利，但這不是第二欄的用意，最好寫的是你所做或沒做的事，而這些事意外地破壞了你的改善目標）。

● 我們並不是問你「為何」做這些事，或是你「如何」停止這麼做，以及你有什麼變得更好的想法或計畫。急著為自己做無效率辯解或提供策略，是這個過程中常見的事，當一個人清楚地看到自己的不足，總會想做些什麼來減低這股焦慮感，但現在你只需要誠實、深入地描述這些事就好，把那些尷尬丟到一邊吧！

如果你需要進一步釐清，請參考圖 9-4 佛瑞德的描述。

你可以把其他人的回饋、督導或評估當做第二欄資訊的額外來源。假如無法得到這些訊息，而你也很難對自己的抗拒有更多的覺察，建議你找一些你可以信任、能站在你的立場為你著想的人，問問他們在你身上是否有任何行為（或逃避），會阻礙你達到目標，保證你一定能獲得一些意見，謝謝他們之後，別忘了把這些意見加入你的第二欄。

當你完成了這些描述之後，別忘了再看一下前述四個說明，確認一下

1. 好處	2. 做了什麼／沒做什麼	3. 潛藏的對立想法	4. 主要假設
成為更好的傾聽者（尤其要懂得停留在當下、保持專注、更有耐心）	· 我允許自己的注意力渙散。 · 我開始滑手機。 · 我把該做的事項清單記在心裡或寫在紙上。 · 每當我聽人講話時，我就會開始思考如何給人印象深刻的回應，以致聽不到他究竟在說什麼。 · 如果說話的人是我女兒，我就會想她應該怎麼做才對，以致聽不到她究竟在說什麼。 · 假如說話的人是我太太，我常常會在心裡冒出：「這一點也不重要」，然後把注意力轉移到我覺得重要的事情上。	擔憂箱：	

圖 9-4　佛瑞德的第二欄內容

233

你的描述是否都符合了四個說明。切忌急著進行下一步驟,盡可能將第二欄
寫得完整些,並做好必要的修正。

第三欄:潛藏的對立想法

在圖 9-1(見第 229 頁)有個空白的圖框,我們稱它為「擔憂箱」,它
可以幫助你發展第三欄的原始資料。

【步驟一】填寫你的擔憂箱

當你讀完本書所談的抗拒地圖之後,你會發現第三欄能帶給填寫的人
多少意外的收穫。這不只是你完成第三欄之後的效果,也是你注意潛在的動
力、抗拒變革、出現方式等訊息的開始,而相互矛盾、競爭的想法,也伴隨
著第一欄的改善目標紛紛出籠,例如在第 2 章中,彼得希望自己:

● 更能接受新觀念。

● 反應更加有彈性,尤其是對角色與責任的界定。

● 對授權和支持新的權力路徑的態度要更開明。

但在彼得的第三欄中,他同時也有以下想法:

● 用我自己的方法做事!

● 感受到自己有直接的影響力。

● 擁有自主權,看到自己的成果。

● 持續覺得自己是問題解決者,無論何時,自己都是最懂得接下來該
怎麼做的人。

閱讀第三欄時，你心裡可能會想：「這些事是怎麼看出來的？」我們希望你在前兩欄的努力成果，可以幫助你完成第三欄，如此一來，透過這三欄的呈現，你可以看到那些誤導你的部分，並幫助你形成策略、克服挑戰。

要做好第三欄，首先要收集所有讓你遭遇這個難題的原始資料，你可以看看你的第二欄，並就你所寫的每一項回答以下問題：「假如我採取相反的做事方式，會發生什麼讓我最不舒服、最擔憂或覺得最可怕的事？」

彼得認為如果要分享公司多數的權力與決策，他最不舒服、不開心與害怕的事是：「嗯……我覺得自己會變得不重要，也真的會變得不重要。我會被取代，成為公司的邊緣球員。」這麼做的目的是要找出真正讓你討厭的感覺，而不是對這個感覺的想法。那你就可以體會到這類感覺，然後用文字表達出來。

繼續看你在第二欄所寫的內容，以及第三欄的擔憂箱，記下你反著做時最擔心、最不愉快和最害怕的事。如果你沒有充分、深入地探索這個關鍵點，這張變革抗拒地圖就無法發揮效果。假如你還沒有感覺到「天啊！怎麼會這樣！？」，那就表示你對自己探索得還不夠深，可能要等你真的感到恐懼時了。所以，如果你還沒達到這種程度，那你可以問問自己：「最糟的情況會是什麼？」你必需感覺自己已經身陷一種得不到保護的危險處境才行。

或許大部分讀者都已有這種感覺了，但我們仍希望所有讀者都能在讀完本章後有所收穫。因此，我們再來看看一種典型的狀況，並了解如何克服它。佛瑞德對於自己想成為一位好的傾聽者，做了以下的敘述：

如果我不讓自己的注意力渙散，隨之而來的最糟糕的感覺會是什麼？第一個感覺應該是無聊，其次是沒耐心。我很討厭「無聊」跟「做事沒重點」的感覺，我會無法投入，就像等著飛機降落的感覺，等著某事發生，結果卻什麼也沒發生。

我得聽同事說一大堆無關緊要的話，而且是我已經知道的事，或一個兩分鐘前才跟我說過、現在不過是換個說法的人囉唆。我很討厭這樣，這種無聊的感覺會讓我很快就失去耐心，我沒時間聽這些，還有很多事等著我去做，我必需快速動作。就是這樣，「無聊」和「沒耐心」就是最糟糕的感覺了。

　　這是一個常見的探討不夠深入、還沒找到真正的焦慮之處的例子，有些人可以快速地找出某些負面情緒，就像找對書櫃、已經看到書的封面一般，但現在要做的是翻開書、讀讀裡面的內容了。

　　無聊是最常見的藉口，因為不投入所以無聊，因為不想經歷糟糕的事情，所以不投入。在不投入之前，突然有什麼事發生了，接著才有了無聊的感覺。這些糟糕的事是什麼呢？

　　後來我們問了佛瑞德同樣的問題，他迅速且深入地回答：「如果我跟我的小孩說話時，不去忽略他們的話，就必需忍受他們在我說話時，眼睛咕嚕咕嚕地轉，那種被藐視的屈辱感，真的是一種很糟糕的感覺。如果我不躲著我太太，她就會一直跟我說一些我無法控制、莫可奈何的事，讓我充滿了無助感。我很討厭這種感覺。」

　　現在，我們準備要進入真正處於危機中的自己了。

　　沒耐心也是如此。這同樣也是一個好的開始，就像是一本書的好封面。然而，在書封底下的內文是什麼呢？我的沒耐心是因為我必需去某個地方，不能繼續待在我現在所處的地方？我要怎麼去？會有什麼危險？對我而言，沒耐心也象徵著某種危機，但究竟是什麼呢？且聽佛瑞德怎麼說：

　　我在很多狀況下都會沒耐心，比如某人正在提醒我應該去做某些事了，如果我不想去做，那就像會「我手中耍著的球正要掉下來」一樣恐怖。我的生活中有很多事都在同時進行，偏偏我又不是一個好的管理者，

如果我不將這些事放在心上，我就會忘記，然後可怕的事就會發生了。

我和我的小孩、或和公司資淺的同事在一起時，經常會沒耐心，接著腦中就會閃出一種警訊：「他們會搞砸！」。但是當我想壓抑想給他們建議的衝動時，心裡又會擔心某些事，比如我女兒會不會做錯人生的選擇什麼的。

所以，那些無聊與沒耐心的源頭，目前看起來是：

● 害怕看起來愚蠢。

● 害怕被羞辱。

● 害怕無助感。

● 害怕失控。

● 害怕犯下大錯。

● 害怕自己允許了其他人去犯下大錯（尤其是自己必需負責的人）。

這就是佛瑞德在第三欄所寫下的擔憂箱。

現在來看看你在這個步驟中學到了什麼，想想當你採取第二欄所寫的相反作法時，是否已經達到這樣的恐懼程度了，也就是：在毫無防護的狀態下，面臨你絕不想遇到的危險或危機。

【步驟二】收集可能的對立想法

第三欄「潛藏的對立想法」並不是指在擔憂箱裡提到的內容。所謂的擔憂指的是：第三欄想法中所收集到的原始資料。我們不僅會有這些擔憂，還會巧妙地避免受到傷害；我們也會找出方法，處理這些擔憂所引發的焦慮；然後採取行動對抗恐懼，保護自己免於受到威脅，我們會主動地（但不

一定是有意識）確認擔憂的事不會發生。

這是第三欄想法的核心，也就是避免自己害怕的事發生。佛瑞德害怕的不只是自己看起來愚蠢，他不知道自己也在想著：如何不讓我的愚蠢顯露出來。

佛瑞德不僅害怕自己看起來愚蠢，更積極、高明地避免自己在小孩面前看起來愚蠢。如何避免呢？佛瑞德在小孩講話讓他感到無聊時，採取不投入的態度，或在心裡搜尋待會兒要做的事等等。佛瑞德擔心如果他面對小孩、聽小孩講話、並且在聽完之後做回應，小孩們可能會藐視他，並且轉動眼珠子，讓他等著被羞辱！這是他最難承受的事，所以他選擇了聰明的作法，也就是——逃避。

現在我們終於理解佛瑞德為什麼要逃避了，為了保護自己不被羞辱，他說不定還能做得比現在更多呢！但即使他做得如此巧妙，還是留下了一個缺陷，那就是：阻礙他達到改善目標，一個對他而言非常重要的目標。從他的變革抗拒地圖可以看出：他正在遠離改善目標。佛瑞德被一種心智系統所保護，他靠這個完美高效的防護系統，在拯救自己的生活。

佛瑞德現在可以把他發現的恐懼放進第三欄了（那些跟他想成為一個更好的傾聽者同時存在的想法）。在他填寫第三欄時，會發現有些橫跨前三欄的箭頭，代表動態平衡的形成。

在圖 9-5（見第 239 頁）中，他的變革抗拒地圖就像是一隻腳踩著油門（他想變成最佳傾聽者的真誠、必要性和樂趣），另一隻腳踩著煞車（所有抵制的想法）。

請繼續下去，找尋可能的第三欄想法，可能是一些你不會遇到卻讓你很害怕的事。如果你的擔憂箱中有「我害怕自己會失去別人的信賴」，或「我怕別人會不喜歡我，不把我視為他們的一份子」，那你可以把它們改寫

1. 好處	2. 做了什麼／ 沒做什麼	3 潛藏的對立想法	4. 主要假設
成為更好的傾聽者（尤其要懂得停留在當下、保持專注、更有耐心）	· 我允許自己的注意力渙散。 · 我開始滑手機。 · 我把該做的事項清單記在心裡或寫在紙上。 · 每當我聽個案講話時，我就會開始思考如何給人印象深刻的回應，以致聽不到他究竟在說什麼。 · 如果說話的人是我女兒，我就會想她應該怎麼做才對，以致聽不到她究竟在說什麼。 · 假如說話的人是我太太，我常常會在心裡冒出：「這一點也不重要」，然後把注意力轉移到我覺得重要的事情上。	擔憂箱： 我擔心自己會： · 看起來很愚蠢、被羞辱、無助、失控。 · 犯下大錯。 · 讓別人犯下大錯（尤其是那些我要負責的人）。 · 我不要自己看起來愚蠢。 · 我不想被羞辱。 · 我不想覺得無助。 · 我不想感覺或真的失控。 · 我不想犯下大錯。 · 我不想讓別人犯下大錯（尤其是那些我要負責的人）。	

圖 9-5　佛瑞德的第三欄想法：浮現的抗拒系統

成「我努力不要失去他人的信賴感」，或「我努力不冒失去他人信賴的風險」；「我努力不讓別人討厭我、不讓別人覺得我很孤僻」。

在你還沒確實完成第三欄之前，請不要先寫第四欄，那是沒用的。你已經寫好了嗎？你是否已經有了自己抗拒變革模樣的想像了？你覺得有趣嗎？請注意，我們並沒有問你是否已經解決了所有的問題，你最好也不要這麼覺得。我們也沒問你看到自己抗拒變革的樣子高不高興，看到自己的抗拒變革會讓人高興嗎？通常不會。

愛因斯坦有句名言說：問題的形成跟問題的解答一樣重要。我們現在所做的就是精確掌握「問題」，讓你很想達成第一欄目標卻辦不到的問題。你應該會看到自己一腳踩油門、一腳踩煞車的樣子，這一點雖然一時會讓你不安，但至少也會令你覺得有趣，它讓你看到自己過去沒看到的事。

當然，你也可能早就意識到第三欄出現的個人問題（例如，你一直都知道「討好別人」是你一個很大的問題，或知道自己是控制狂，或擔心自己不夠優秀），但你現在是從一個新的角度看到同樣的問題，並且發現這個問題跟你無法完成第一欄目標的關係有多密切了。

無論如何，這張變革抗拒地圖絕對是有用的，佛瑞德在寫完第三欄之後，就覺得這張圖很有用，因為以下的事都實現了：

● 佛瑞德在第三欄所寫的每一項都是「自我保護」的想法，每一項都與某種特定的恐懼有關。如果他有注意到「擔憂箱」中有一項恐懼是「過度工作會破壞婚姻」，他就不會在第三欄寫著「我希望工作和家庭生活能更平衡」，來漂白他的自我保護的念頭。

● 當他寫著「我希望工作和家庭生活能更平衡」時，我們可能還看不出「他想保護自己」的危機，但如果他寫的是：「我不希望太太放棄我、小孩討厭我，而我變成一個悲慘且孤單的工作狂。」那就更糟了。

● 每個想法都會造成第二欄的阻礙行為，只要有了 X 想法，任何人都可能會有 Y 行為。

● 佛瑞可以明確地看到為什麼只要消除自己的第二欄行為，就可以成功達到目標，因為這些行為都有重要的目的。

● 佛瑞德之所以會寸步難行，是因為他同時朝兩個相反的方向前進。

如果在這個過程中，你的變革抗拒地圖無法發揮效果，那可能是因為你所寫的沒有符合這些標準。那就試著去修正看看，或許你的變革抗拒地圖就會變得更吸引人了。請記住，我們現在不是在找解決方式，或找出通往解決方式的途徑，而是這個經驗的本身就是一種解放。

所以，我們談的究竟是什麼樣的影響力呢？這件問題可以用一位大學教務長的故事來回答，應該會很貼切。這位教務長曾經參加過我們在哈佛的夏季課程，這門課程是專門為大學校長、教務長等職務的人設計的。

如果是上夏季課程，通常我們會要求參加的人穿得輕便一點，但總有人會在第一天時穿得不怎麼輕便（可能是因為他們不確定自己認為的輕便，會不會是別人眼中的懶散）。有一位中年女士第一天穿著漂亮的套裝，脖子上還掛著一串優雅的珍珠項鍊。當其他人的穿著舉止愈來愈不正式時，她依然每天都穿著美麗的上班服，坐在個案研討室的中間，脖子上依舊戴著珍珠項鍊，而且始終坐得直挺挺的，一副很尊貴的樣子。

在填寫第三欄時，我們解釋了這些標準、說明應該如何正確填寫，然後說：「如果你想寫好第三欄，就不要寫像在回應一堆問題的瑣碎記事。而且你要開始用單一、整體、貫穿這三欄的方式看待它們，這樣你就會看到一幅完整的圖像，你應該會開始看到……。」

在我們說明完畢之前，她已經跑在前面，並且完成了第三欄。這位端

莊、正式、挺直、配戴珍珠項鍊的女士，在大家驚訝又佩服的目光中脫口而出：「我可以告訴你，你會看到什麼，你會看到自己如何被搞砸！！」。

這句話簡潔地道出我們此時的目的，你可以清楚看到你的重要目標如何被自己的核心矛盾所「搞砸」。也就是說，任何在正確方向上真正的、真誠的、認真的行動，都會被相反方向、同樣力道的行動所抵銷。

如果你的變革抗拒地圖也給你類似的感覺，表示你已經來到這個過程中的矛盾點，唯有更深入了解你是如何阻止自己的改變，才能真正改變你自己。你已經成功踏出第一步，把你的改變目標變成了很好的問題。

接下來要做什麼呢？你需要創造一個試著和自己的挑戰相處的工具。

第四欄：主要假設

變革抗拒地圖的目的是用適應性的方式去處理適應性挑戰，而不是用技術性的方式。第 2 章曾經提過，這個部分可以從「建立一個適應性公式」開始，然後你就會知道：第一欄改善目標是怎麼把你帶入目前的限制中的。

一個適應性公式應該同時考量「思考」和「感覺」兩個層次，如果你已成功建立一張有效的變革抗拒地圖，你就會看到自己抗拒變革的那一面，如同你第一欄的改善目標。你要先看看自己的「避免改變系統」（你會做些什麼事來阻止自己達成目標），和「焦慮管理系統」（你會做些什麼事來抵抗你的恐懼，這些恐懼是在你朝目標前進時產生的）。

當你看清楚為什麼技術性策略（試圖消除或減弱第二欄的破壞行為）不是必勝策略時，表示你已經找到面對挑戰的適應性公式了。由於這些破壞性行為也會影響到第三欄，所以你會不斷收集到這些行為，除非你全面重建自己的抗拒系統。

徹底瓦解抗拒系統最好的方式就是找出其中的核心假設,「主要假設」是我們理解自己與世界(以及世界和我們之間的關係)的方式。它不只是一種心理結構,也是一種真理、無可爭辯的事實,以及我們和這個世界的真實樣貌。

這些現實的結構其實只是假設,它們可能是真的,也可能不是。把假設當成事實就是所謂的「主要假設」。

有些主要假設相當脆弱與短命,就如同圖 9-6 中這種恐龍的浪漫夜晚並不多。

還記得加里‧拉森的卡通嗎?兩個飛行員看到飛機的擋風玻璃前,有一隻動物在霧中追到他們前面,於是正駕駛跟副駕駛說:「喂!這隻山羊在

圖 9-6 「喔!親愛的,快看!趕快許個願!」

雲層中幹什麼？」這兩個些飛行員無法理解眼前的狀況，被這個不可置信的畫面狠狠打了一巴掌。

但好笑的是，有問題的扭曲假設很多，而我們卻選擇相信它們，然後忽略那些假設是扭曲的證據，就像那兩個飛行員相信山羊會在雲層裡飛一樣，對於現實抱有不精確的印象。我們大可用自己的聰明才智，去彌補扭曲的心智系統產生的失誤，好讓飛機繼續飛行，但必需付出某些代價。

總之，任何建構現實的心態或方法都有不可避免的盲點。適應性挑戰之所以是「挑戰」，就是因為有盲點的存在，而我們所謂的「適應」就包括重新認知和糾正盲點。

因此像是「好勝」這類的主要假設，一般不太容易看出來。把主觀（無法看見它是因為太貼近它了，只好認同或接受它）變為客觀（這樣就可以從自身以外的角度審視它），才能形成假設。

一旦隱藏在抗拒變革問題下的主要假設開始浮現，你就比較能處理這些問題，而不會被這些問題擾亂了。這時候要「重頭開始」就更不可能了，你已經為自己的變革抗拒地圖做了許多努力，尤其是已經找出自己潛在的想法，事情就變得容易多了。

我們請佛瑞德仔細看看第三欄，最後他做得很好，我們再請他腦力激盪一下，想想看有這些想法的人會有什麼樣的假設。這是一個緩慢的過程，但只要他開始去想，這些可能的假設就會一一浮現出來。圖9-7（見第245頁）就是他最後得到的結果。

待會兒我們會請你找出在你第三欄底下潛藏的主要假設。在此之前，不妨先看看佛瑞德用來判斷他的內容是否充分的指標，或許對你會有幫助。以下對於佛瑞德來說確實如此，希望對你也是：

1. 好處	2 做了什麼／ 沒做什麼	3 潛藏的對立 想法	4. 主要假設
成為更好的傾聽者（尤其要懂得停留在當下、保持專注、更有耐心）	・我允許自己的注意力渙散。 ・我開始滑手機。 ・我把該做的事項清單記在心裡或寫在紙上。 ・每當我聽個案講話時，我就會開始思考如何給人印象深刻的回應，以致聽不到他究竟在說什麼。 ・如果說話的人是我女兒，我就會想她應該怎麼做才對，以致聽不到她究竟在說什麼。 ・假如說話的人是我太太，我常常會在心裡冒出：「這一點也不重要」，然後把注意力轉移到我覺得重要的事情上。	・我不要自己看起來愚蠢。 ・我不想被羞辱。 ・我不想覺得無助。 ・我不想感覺或真的失控。 ・我不想犯下大錯。 ・我不想讓別人犯下大錯（尤其是那些我要負責的人）。	・我假設我和小孩相處的機會很有限（所以如果他們覺得我「愚蠢」了太多次，他們就完全不聽我說話了）。 ・我假設在我和小孩互動時，完全沒有好事。他們會貶低和嘲笑我所說的，這樣的互動比沒有互動更糟。 ・我假設我太太希望我能幫她解決她跟我說的困難。 ・我對「幫助」的理解是：幫助某人找到正確的方向進行下一步。 ・我假設當我覺得無助時，我就沒辦法當好一個傾聽者。 ・我假設當我無法掌控局面時，事情可能會變糟。 ・我假設當我犯了大錯時，我會無法收拾殘局。 ・我假設如果我沒有幫我的小孩或資淺的部屬避免犯錯，我就是不負責任。我會讓我的家庭或公司失望，而他們可能因此遭遇到不好的事。

圖 9-7 **佛瑞德最終的變革抗拒地圖**

245

● 有些主要假設你覺得是真的（「你說我「假設」會有壞事發生是什麼意思？相信我，不是假設，就是會有壞事發生！」）；有些你馬上會看到的事，不見得是真的（「我知道它很明顯不是真的，但我的作法和感覺似乎都把它當成真的了」）；有些則是你很不確定的（「有一部分的我覺得這是真的，或者大部分時候是真的。但另一部分的我卻不認為這是真的」）。

● 無論如何，如果你對以上描述有感覺，或持續有感覺，那麼你列出來的每個主要假設，就有可能都是真的。我們必需重申，並非所有的主要假設都是錯誤的，而是要等這些主要假設浮上檯面且被測試之後，才能確定它們是對還是錯。

● 很顯然地，主要假設會導致一個或多個第三欄問題的產生（比如：如果我確實無法彌補自己所犯的大錯，那我就要盡全力不犯大錯）。整體而言，這些主要假設必然會讓第三欄想法存在，也是一個人變革的主要原因：第三欄想法會跟隨主要假設，並產生第二欄的行為，而這些行為則會破壞第一欄的目標。

● 主要假設會突顯出你還不敢冒險進入的世界，彷彿在更廣大的世界之前立了一個「危險！請勿進入！」的禁止標誌（例如「理論上，就算我會感到無助，但至少我可以進入一個自己未必能完全掌控的世界，在那個沒人要求我什麼、也不用我給建議的世界裡，我的小孩可能比我想的還要寬容。」之類的）。或許這些警告很合宜也很重要，但也可能是主要假設在告訴你：你限制了自己，只讓自己進入你寬廣人生的某些領域，但其實還有一大片天空等著你。

請盡可能找出足夠多的主要假設，檢視它們如何違背以上這些標準，發展你變革抗拒地圖的最後一步，讓自己恍然大悟一番，不過，也不一定非

要如此。創造一張好的變革抗拒地圖的關鍵是：一旦你完成了前三欄，你就能看到並感覺到自己抗拒變革的動力。而你的變革抗拒地圖也會變得很有趣，且充滿啟發性。

　　發現你正在阻止自己進步的事實後，你可能會說：「好吧！好吧！這個問題確實引起了我的注意，誰會想要一隻腳踩在油門上，一隻腳踩在煞車上？那我現在該怎麼辦？」別急，我們下一章就來討論這個問題。

第10章

克服你的變革抗拒

　　了解「自我保護機制」如何阻止我們達到最最想達到的狀態，真的有其必要性。「覺察」雖然可以給人力量、甚至令人興奮，但未必能讓人有所轉變，許多人需要有個具體方針來為他們的理想開道、測試「主要假設」，並和「主要假設」保持距離，找出各種方法縮小理想和現實的差距。而這也是改善「變革抗拒」要做的事。

　　如果你已從第9章中了解了自己惱人的變革抗拒模樣，看到自己踩著油門的腳（充滿了動機和誠意，想完成第一欄的目標），也看到放在煞車的另一隻腳（積極而持續地做出讓自己達不到目標的行為），你就知道為了拯救自己，必需回頭來看看這些行為。從第三欄及第四欄中，你也可以看出為什麼這些阻礙達目標達成的行為，會成為你的自我保護需求。

　　因此，想克服自己的變革抗拒，應該做些什麼呢？在此之前，你應該：

　　● 準備好花上幾個月的時間來完成這個過程，別指望自己一夜之間就能發生改變。

　　● 選擇對你最有效的支援，幫助你完成這個過程。

● 想想我們提供的作業和活動，持續漸進地運用它們，幫助你改善你的變革抗拒。

首先，改善變革抗拒的努力不用花費一年以上的時間，在接下來幾個月裡，也不用花太多時間。但建議你持續每週花大約三十分鐘的時間來做這件事，一般人大約只要十二週的時間，就可以看到顯著的進步。換言之，你不能一次讀完本章就算了，最好通盤讀過本章，以找到你可以遵循的地圖。如果你真的想進行這趟旅程，最好頻繁地在閱讀後，就去做些相關的事，然後再回來閱讀。

其次，決定好是要自己單獨進行，還是和公司同事一起進行，這是很重要的部分。或許你喜歡自己一個人來（那就採用本章做為指引），但其實你還有別的選擇。最好找個伴，一個也想克服自己的變革抗拒的人，你就能在進行這個過程時，跟他一起討論你們的經驗。或找個熟悉這個過程的教練來引導你，並幫助你堅持下去。

不管你是自己一個人、有同伴或找教練，最後你都會找出自己最佳的練習組合方式。我們把這些練習分為以下三個階段，簡單陳述一下每個練習的目的。這些練習都是你在前幾章中已經看過的，由於每個人的變革抗拒都不一樣，所以不必每個練習都採用。

開始行動：設定階段

修改你的地圖：盡可能地瀏覽並修正你的變革抗拒地圖，好讓這張圖變得更好用，且能測試你的主要假設。

初步檢視：對於你第一欄目標的重要性與價值，要多問一下其他人的意見，而且一開始就要設好基準線，才能知道自己在過程中做得好不好。

遊戲中場：深入工作

持續進步：預想第一欄的目標完全達成時，會是怎樣的光景。

自我觀察：留意練習中的主要假設，對反例保持警覺。找出你的主要假設運作的時間和場合，以及何時會導致錯誤發生。

對主要假設提問：對每個主要假設都要問「它什麼時候開始的？演變的情況如何？現在的作用如何？」等問題。

測試主要假設：刻意去挑戰這些主要假設，看看會發生什麼事？然後思考挑戰的結果對你的主要假設意味著什麼？重覆幾次這樣的程序，每次都要加大挑戰的範圍。

遊戲結束：強化你的學習

追蹤檢視：尋求第一欄目標的回饋（請教那些你初步檢視時訪問過的人），比較你的自我評估和他們的看法，了解你的改變對他人有什麼影響。

找出絆腳石與解脫：檢視你現在的主要假設還有多少；想想如何保持進步；避免未來的退步（被「絆腳石」絆住），並在退步時回復過來（移除「絆腳石」）。

未來的進步：一旦你「無意識地脫離」了你的主要假設，你或許會想要重啟變革抗拒的歷程，尤其是目標沒有達成，或目前仍覺受阻或氣餒時。

🔓 驗證主要假設──測試的設計、執行與解釋

在前面的章節中（特別是第 5 和第 6 章），已經以大衛和凱絲的案例介紹了大部分的步驟。本章將致力於核心過程，也就是最繁複、最花時間的

活動，這也是變革抗拒最重要的一個層次，也就是設計、執行、解釋對主要假設的測試。

設計對主要假設的測試

每個測試的目的都是為了得知：當你有意地改變平時的作為時，會發生什麼事？這些事對你的主要假設有何含義？測試的目的並不是想馬上改善什麼，而是要收集一些特別的資訊：「測試結果要告訴我有關主要假設的什麼事？」。根據以往的經驗，要時時保持住這樣的目的並不容易，所以在實際操作之前，要先告訴你一些設計測試最常遇到的挑戰。

記得之前提過的「過度熱情反應」嗎？這正是導致我們錯誤地用事件取向來測試主要假設的原因，「過度熱情反應」讓我們相信：只要採取必要的行動，就可以「解決」主要假設，並抵銷它們的影響。

如果用事件取向來測試主要假設，那麼只要成功完成測試，你就會以為自己已經「克服障礙」或「去除障礙」了。一旦完成測試（尤其該測試看起來像是一種成功經驗時），就會像完成了一項重要任務般鬆了一口氣，然後自得其樂、對自己讚賞不已。

當然這是件好事，但這並不是學習，從適應性學習的角度來說，「完成測試」不只是解決測試中列舉的難題而已，還要收集這樣的行為會造成什麼後果的相關資料，然後解釋為何確認或修正主要假設。換言之，要能增加自己對主要假設的認識，這樣的測試才算成功。

以此為背景，我們開始進入學習任務。首先，你得確定自己要測試的主要假設是什麼，才能做這個練習。如果你找到好幾個主要假設，請先選擇一個就好。選擇的標準有兩個：（1）必需是很重要的主要假設（會強烈地限制住你，讓你不安）；（2）必需是能被測試的主要假設。

如果你一時之間不知道哪個主要假設符合以上標準，以下問題可以幫你一把：

- 哪一個主要假設最常跳出來擋住你的路？

- 如果你可以改變任何一個主要假設，哪一個主要假設可以帶給你最大、最正向的改變？

- 這個主要假設是否可怕到讓你無法測試它？提示：如果有「死」、「完蛋」、「崩潰」等字眼的主要假設，就還不適合現在就去測試它。（但別放棄這些假設，它可能有很多好處，為了能測試它，你得先找出它為何如此可怕的先驗假設。）

比如，「我假設如果我不同意老闆的意見，我就會被開除。」變成「我假設如果我說 A，老闆就會生氣。」或「我假設如果老闆真的對我生氣，他就會認為我所做的事都沒價值。」或「我假設一旦老闆認為我所做的事都沒價值，他就永遠不會再支持我。」）

或許你還不太確定你的主要假設是否符合這些標準，為了幫助你思考，以下提供一些案例做為比較。首先從蘇開始，她是一位大型社會服務機構的主管。

蘇的測試，第一部分

蘇原來的主要假設是：「如果我不被接納，大家就不會喜歡我，而我就沒有價值了。」她找出是什麼樣的想法讓她覺得自己不被接納，好讓這個假設成為一個可被測試的假設：「如果我說不，同事們會認為我很冷酷、不關心別人。」她選擇先測試「說不，會破壞關係」的假設。

現在你也試著在圖 10-1 寫下你的假設吧。

我假設如果我……

圖 10-1　**寫下一個可測試的假設**

　　當你選定了要測試的假設之後，下一步就是設計一個挑戰它的實驗。此時先問問自己：「我要改變什麼行為，才能獲得我的主要假設存在的正面訊息？」，然後規劃實際要做的事，並且／或確保會有一個公平的測試，比如試著對一項還沒決定如何回應的任務說「不」，你可以馬上大聲說：「不要！」，或說：「我希望我能幫得上忙，但我現在已經分身乏術了。」以上任何一種說「不」的方法，都能測試你的假設：聽到的人會對你生氣。

　　接著，規劃如何收集資料：你做出這樣的舉動，想收集的是什麼資料？這些資料是外在的（其他人對於你的新行為的反應）、內在的（你自己的反應、認知、情感），還是兩者皆是？然後思考什麼樣的結果會讓你質疑主要假設的可靠性，這是一個很關鍵的步驟，如果你想不到任何可以挑戰或質疑你的假設的資訊，表示你還沒找到好的測試方式，你需要再回頭想想。

蘇的測試，第二部分

以下是蘇測試假設「假如我說不，同事們會認為我很冷酷、不關心別人。」的計畫。

首先，她發現最常誘發她的主要假設的情境是：團隊成員提到她和其他成員的事時。

接著，她選定對誰冒險「說不」。

之後，她照著計畫去練習。（例如「我覺得這對你很重要；聽到這件事我很不安，但你實在是找錯人了，你要直接找那個人談，我認識那個人，我要怎麼幫你直接和那個人談呢？」或是「我了解你很在意這件事；它確實很重要；我想聽是怎麼一回事，但不是替你去解決它。」或是「我不能干涉這件事，這不是我的事。我們的關係很重要，但我和那個人的關係也很重要，你必需直接去跟她說，或是去找她的主管說。」）

此時要如何收集資訊？蘇要注意當自己說不時，心裡的感受如何？同時也觀察聽者會做什麼或說什麼？如果她不再覺得不安，或其他人認為她很冷酷、不關心別人的想法，或感覺到彼此的關係很折磨她，都可能表示她的主要假設是真的。但如果她沒有這些感覺，那她就要質疑自己的主要假設對不對了。

事實上，並不是每個人都能規劃自己的測試。

克勞斯的測試，第一部分

克勞斯就是一個無法規劃自己的第一個測試的例子。他的主要假設是：他必需準備得非常充分，做事才會有效率。對他個人而言，這或許是一個好處，但如果他想測試計畫過程中可能引發的風險，那就不太可能了，因為「計畫」本身根本就無法測試。

我們合作過很多類似的例子，個案的任務就是設計一個有效的測試，但不能控制、過度預備、考慮太多過程中的細節等等。而克勞斯希望自己不用過多準備就能發揮效率，結果卻因過於仔細規劃而適得其反。

以下是克勞斯的測試：假期過後，克勞斯決定和一位部屬討論職務重新安排事宜，他還沒想好怎麼跟這個人說，但在他回到辦公室的第一天，就遇到了這個人，他心裡想：「我有這麼多事需要盤算，要做的事永遠趕不上想做的事。如果我現在不跟他說，那要等什麼時候呢？」因此，他破例當下馬上跟對方談。

這個行為會成為一個測試，而不是單一事件，是因為克勞斯仔細留意了自己衝動地這麼做之後，引發了什麼效果。在解釋測試的角度之前，我們先檢視一下這些資訊，以及克勞斯如何看待它們。

即便克勞斯沒有自發性地採取行動，我們也會鼓勵他不要太在意有沒有準備好測試，而要多花心思去看看他認為符合「安全」條件的測試是什麼。這是他在各種不同狀況下（特定的人、主題、會議），因為準備得不夠充分，事情做得很沒效率、卻不用付出代價的練習機會。

充分了解好的測試的目的、常見陷阱和特徵之後，就可以開始規劃自己的測試了。

接著是一個練習，圖 10-2 是一張測試設計導引表，讓你試著建立一個安全、溫和的主要假設試驗，會讓你採用不同以往的做事方式，這也是實際執行第一個正式測試之前的預備練習。

一個好的測試應該要符合以下 S-M-A-R-T 的標準：

・S-M：你的測試必需是安全（safe）且溫和的（modest），你可以問問自己：「為了檢視實際上的結果會如何，要在小範圍的嘗試中，檢視主要假設是否可取的話，我可以冒險去做什麼事？或抗拒去做什麼事？」

・A：好的測試是短期內就「可以運作的」（actionable），表示這樣的測試比較容易完成（它不需要你完全走出一條新路，而是讓你有機會採用不同以往的做事方式），並能在接下來的一星期內進行。

・R-T：最後，你要以「研究」（research）的心態（而不是自我成長的姿態）進行主要假設的「測試」（test）。好的測試能讓你收集有關主要假設的資訊（包括那些支持你的假設或引發質疑的資訊）。

1a. 寫下你打算要做的事。（確認你現在要做的事，和過去在主要假設下習慣做的事不一樣）

1b. 記下你認為測試可以得到哪些關於主要假設的資訊。

圖 10-2 **良好的主要假設測試設計指引表**

2a. 你想收集什麼樣的資料？除了別人怎麼反應之外，你的感覺也是很重要的資訊來源。

2b. 這些資訊如何幫助你確認或駁斥主要假設？（什麼樣的結果能讓你相信主要假設是正確的？什麼樣的結果會讓你質疑主要假設？）

3. 最後，以下列標準檢視你的測試：

——它安全嗎？（即使最壞的狀況發生，你也能撐得住。）

——這些資訊跟你的主要假設有關聯嗎？（請見 2b.）

——它可靠嗎？（這個測試確實能檢驗出你的主要假設，請見 1b.）

——資訊來源可靠嗎？（選擇不是自動送上門的，或想保護你、拯救你的來源。）

——它真的增強了你的主要假設嗎？（如同主要假設告訴你的，它必然會導致不好的結果嗎？你設定自己會失敗嗎？有沒有任何資訊可以駁斥你的主要假設嗎？）

——它可以馬上運作嗎？（測試所需要的人或情境是否都能配合？你明確知道如何進行自己的計畫，並且在接下來的一星期內進行這個測試？）

續圖 10-2　**良好的主要假設測試設計指引表**

在第一步驟中，想想看哪些行為是你可以改變的（開始或停止去做），哪些行為能對主要假設產生有用的訊息。以下是一些選項：

- 從第二欄中選出一項行為。

- 採取一項能對抗第三欄想法的行動。

- 直接從主要假設（第四欄）下手，思考一下：「什麼樣的實驗可以告訴我，這個『假如─然後』的順序所產生的假設是有效的？」

- 保持持續的進步（請見第 5 章和第 6 章所陳述），制訂下一個可辨識的步驟。

假如你已經完成這個練習，包括圖 10-2（見第 256 頁）的問題 3，那就太棒了！你已經有了初步測試主要假設的良好設計了。現在正是一個好時機，可以開始做些讓測試變得更好的事了。最重要的是，記得去接觸那些你希望得到對方回饋的人，也可以讓對方給你較大範圍或特定種類的資訊，你愈清楚自己要什麼，對方就愈能給你有價值的資訊。在測試結束後，儘快跟對方討論。

以下是一些你進行正式測試之前，有助於你保持正確思維的事。演練一下你想做的事，這樣你會覺得已經準備好面對自己沒什麼經驗的事了。

例如：

- 為測試準備筆記。

- 練習減少或消除負面「思緒」的技術。

你要先想像不同的互動方式，以及你要如何應對，然後根據每個想像的情節，確定自己能夠：

- 思考不同的音調、身體語言、用字遣詞帶來的影響。

● 預測你慣用的方式會導致什麼局面，並思考是否還有更有效率的作法，盡可能在腦海中（或在你信任的人面前）做角色練習。

● 針對經常引發你負面反應的事，準備一些不同的處理策略。

最後，預測一下什麼事會阻礙你收集有用的資訊，以下有一些小技巧可供你參考：

● 在整個測試過程中，你可能一次會體驗到很多感覺，你的情緒會不斷改變，所以要隨時偵測自己的情緒。

● 一個人愈是被自己的主要假設掌控，就愈缺乏觀察他人（其行為和內在狀態）的技巧。有一項最重要的必備技巧，那就是：用最少的主觀評斷去看和聽。只要能清楚地看到或聽到，就是變革的開始了。

● 我們很容易因為覺察到什麼，就直接解釋別人的反應，這樣會讓測試失效。試著去貼近對方所說的或所做的（比如，他說：「這讓我抓狂！」對照「他快把我氣死了！」）。有效的資料來自於直接的觀察——語言和行為、包含非語言行為，這些可以用錄音或錄影來捕捉。

執行對主要假設的測試

最後，你必需要採取行動，勇往直前執行你的測試！記得收集你的資訊（你實際做了什麼和發生了什麼效果）。如果測試沒有完全照你的計畫進行，也沒關係，只要確認你實際執行的部分，有符合一個有效測試的標準（指引表上的問題3）就好。

如果你認為自己的測試有缺陷，那也不是太大的問題，這其實很常見，只要記得你還沒收集到的資訊，跟主要假設測試有關（所以無論發生了什麼，都不能確認或反駁你的假設）。接著你要確認是否繼續原先想執行的測試，或乾脆重新設計新的測試。

　　請用圖 10-3 的格式來描述你的行為和結果，盡可能中立、平實地報導。下一節再來找出其意涵，或試著解釋這些資訊。

　　在進入下一步驟之前，請再確認一次你已確實評估了之前測試的品質（跟你所計劃的測試比較），以及所收集的資訊的品質，確認他們是有用的。確實完成以上動作之後，就可以去解釋它們了。

1. 你在測試中實際上做了什麼？

2a. 測試後發生了什麼事？測試當時大家都說了什麼？或做了什麼？如果你有請其他人給你回饋，對方都說了什麼？當時你的想法和感覺如何？（這些都是你的重要資訊）

2b. 檢查你的資訊品質，確認可以令人信服。大家對你的回應是可以直接觀察的嗎？或者你已經偷偷在解釋了？其他在場的人也同意你的看法嗎？在你的測試中，是否有任何不尋常的情況呢？

圖 10-3　**執行主要假設測試指引表**

解釋你對主要假設的測試

設計一個有效的測試是一個步驟，執行測試又是另一個步驟，接下來你要從收集到的資訊中了解與主要假設有關的部分。請記住，測試的目的不是去看你是否有進步、你的行為改變是否「有用」（雖然這並不是不重要），而是運用這些測試結果，重新檢視你的主要假設。如果能因為這些資訊，讓你看出主要假設的任何一角，你就知道自己已經上了軌道了。

在這個步驟裡，最好的方式是再把蘇和克勞斯拿來當案例，你可以看看他們做了什麼、收集了什麼資訊，以及如何解釋它們，之後就要請你來解釋你的資訊了。

蘇的測試，第三部分

以下是蘇的測試：蘇找了兩個讓她覺得安全的人來進行測試，其中一個人跟蘇說他已經快受不了另一位團隊成員了，蘇告訴他，她不想涉入這件事，並且認為他最好直接跟對方談一談。

以下就是她收集的資訊——首先，她心裡的想法和感覺是：「我這麼做之後，並沒有感覺很糟，我討厭這種短暫又要付代價的互動，但我不讓它困擾我。它就是它，我不必為它煩惱一整天。」至於外在資訊則是——來找蘇談話的那個人後來跟蘇道歉，他說：「我只是想找人說說這件事而已。」

蘇把這些結果當成主要假設的初始反證，雖然她並不喜歡說不，但她沒有強迫自己順應對方，因此沒有陷入別人的衝突中。更重要的是，同事的道歉讓她發現，設立界限（至少這一次）是完全可以被接受的。

克勞斯的測試，第二部分

那克勞斯呢？

以下是他主動和他的員工對談的結果：

他體認到「這一刻對我來說是真正的突破」，包括他感覺自己已離開他的舒適圈。還有一個算是一種外在訊息，這個人竟然可以和克勞斯繼續聊，這讓他覺得很意外且不尋常，因為對克勞斯來說這是一個敏感話題。克勞斯發現他們之間有了一次真實的溝通，且不斷來來回回地討論。最後，他也意識到：「我有膽量這麼做了，也不怕失敗，即使我不經思索就去測試。」

這些資訊提供了關於主要假設的哪些訊息呢？以克勞斯的話來說是：「這次的實驗告訴我：凡事不要一直分析個沒完，原來之前花了那麼多時間分析或等待是錯的，時機都成熟到爛掉了。一開始不再分析和等待的感覺很糟，但憑著本能而非過去的知識，就能有所不同。」他看到主要假設如何讓自己產生「過度準備是必要的」這種錯覺，事實上它只是不斷增加克勞斯的焦慮而已。至少這一次，他知道單憑直覺就是充分準備了。

以下是進行圖 10-4（見第 263 頁）練習之前的提醒：

● 所謂的「主要假設」不過是一些內隱或外顯的信念，是我們認為「永遠完全正確的事」。主要假設讓我們自動形成對現實的看法，換言之，它是我們「預設的視角」，而非真實所見的現實。

● 單一的主要假設通常都不夠完整，也沒有一定的對錯，問題是我們經常過度使用主要假設，過度類化其適用範圍，已遠超出其合理範圍。

● 測試的重點很少是斷然否決主要假設，主要是凸顯主要假設的存在，讓你對於和主要假設相關的人時地，有較為真實、有依據的看法。即便是對主要假設做一點小小的改變，也能翻轉變革抗拒的習性。

● 進行一個完整且有價值的測試，未必要在某些行動上「成功」。比如，我們不一定要克服一場艱難的溝通，但可以從中了解到隱藏在我們背後的是什麼，並對主要假設有更進一步的了解。

● 沒有任何單一實驗能完全解釋一個主要假設。

---

1. 看看你所收集的資訊，你對於這一切的解釋是什麼？

2. 還有什麼其他的解釋嗎？當主要假設過於糾纏你時，它也會主導你對主要假設的解釋，結果讓主要假設更有理了。解決這種問題的方法之一，就是再去收集至少一種其他的解釋。

3. 你的解釋提供了測試主要假設的什麼資訊？你覺得這些資訊驗證了主要假設的哪些部分？沒驗證到哪些部分？你有發現任何新的假設嗎？

圖 10-4　**解釋主要假設測試指引表**

4. 你下一步要對主要假設進行什麼樣的測試？整理一下你目前對於主要假設的了解，為了進一步了解它，你接下來要規劃什麼樣的測試？如果你還有其他的主要假設，你也可以一起測試它們。

續圖 10-4　解釋主要假設測試指引表

　　這個練習的最後一個問題是測試主要假設的循環性本質。每次進行一個測試，並檢視它對於主要假設的啟發，就會接著設計下一個測試，以收集你想了解的部分。第5、6章的大衛和凱絲，以及本章的蘇和克勞斯都做了很多測試，每個測試都讓他們逐步修正主要假設。通常第二和第三個測試是第一個測試的延續，不同的是參與者、環境和風險。

　　在大多數情況下，克服變革抗拒是連續幾個試驗累積下來的成果。一旦主要假設失去效力，具有自我保護性質的第三欄想法就不必然存在，第二欄阻礙性的行為也就跟著停止了。

蘇的測試，第四部分

　　現在繼續看看蘇對主要假設的下一個測試：「假如我說不，同事們會認為我很冷酷、不關心別人。」

蘇聽到有兩個同事起了衝突，她先預備好假如其中任何一個同事來找她抱怨時，她要說些什麼。她排練了台詞，練習說：「我知道我幫不上忙，這已經超過我所能做的了。」她也決定在這樣的情況下，要純粹當個聆聽者就好。因此，當同事凱蒂走進她的辦公室時，她已經準備妥當。

蘇做了什麼呢？她提醒自己凱蒂是她的第四欄工作，她不想涉入這類的討論，「我要小心，不要和凱蒂一起指責薇琪。同時也要小心，不要告訴她該怎麼做，而是當好一個傾聽者。」

此時她會怎麼收集資訊呢？她開始注意自己的感受，包括舒服和焦慮的程度，以及凱蒂對她的反應。她發現雙方討論時自己的感覺很好，因為她可以照自己想要的去做，而且雙方的對話是以一種意外但很有建設性的方式進行。這番讓蘇變得脆弱卻極有品質的對話，讓蘇感覺很好，使得兩人在談完之後，都覺得獲益匪淺。

蘇發現違反自己的主要假設「設立一定的界限」，反而讓她感覺自己與凱蒂的關係更親密了。

在自我觀察技巧更純熟之後，後續對主要假設的測試就會進行得更流暢。之後則要主動對抗主要假設，並對此保持覺察，藉此問問自己：「發生了什麼事？它能告訴我關於主要假設的訊息嗎？」

蘇的測試，第五部分

蘇有很多「自發性」的測試，其中一個比較明顯的例子發生在她和老闆有口角時，那個讓她感覺衝突風險最高的人。事件發生在一場領導小組

會議上，蘇說了一些讓老闆山姆對她咆哮的話。對於自己的表達造成這麼嚴重、負面的反應，蘇感到很無措。

蘇覺得老闆沒有聽清楚她所說的，她問自己在這場錯誤溝通中，她的責任是什麼：「我必需向在場的其他人確認『我當時說了什麼？』，結果他們告訴我，我其實說得很清楚。」後來蘇再去找山姆談時，山姆也承認自己當時沒有好好聽蘇在說什麼。

蘇的結論是：「雖然我一直掛念著這場衝突，但我沒有被嚇到，第二天也沒有整天牽掛這件事。我不會用自己六個月前的方式，對此事耿耿於懷。現在我知道自己和山姆之間可以有衝突，而且在他氣消之後，我們還是可以繼續合作。」

通常，進一步的測試是為了更了解前期測試時發現的部分。

蘇的測試，第六部分

我們再次藉著蘇的測試來了解一個完美的深度測試例子。自從蘇得知「說『不』並不會危害關係」之後，她發現了一個全新的學習曲線：我可以說出自己真正的想法，而不用擔心關係受到傷害嗎？換言之，我可以承擔引發衝突的風險嗎？

「我真的跟貝絲說：『我不同意。』我知道這樣很危險，可是我心裡感覺有必要這麼做，雖然這麼做可能會傷害我們之間的關係，但我還是承擔了這樣的風險……最棒的是，我們的關係依然健在。如果我不同意，我就可以說我不同意，但我希望的是清楚表達，而不是情緒化，我並不認為自己是可

以隨心所欲清楚表達的人，但迴避真正的問題，才是最大的風險。」

現在輪到你來進行第二個測試了，回到導引表提到的三個測試步驟（設計、執行、解釋）。

在幾次測試之後，你可能會想：「我如何得知自己已經完成測試？」、「如何保持這些成果？」，這表示你已經準備進入下一個練習「找出絆腳石與解脫」了。

🔓 強化你的學習：找出絆腳石與解脫

圖 10-5 是一個克服變革抗拒的流程，你不妨花點時間想一想，在「有意識地解脫」和「無意識地解脫」的描述中，你已經走到哪裡了？當你讀到這裡時，你應該已經通過「有意識地抗拒」這一關了。

這兩段描述對你而言是什麼意思？如果評估自己是「無意識地解脫」，那麼接下來的練習可以幫助你確認這個感覺；如果「有意識地解脫」更接近你目前和主要假設的關係，那麼以下兩個選擇可以幫助你克服變革抗拒，達到你的第一欄目標。

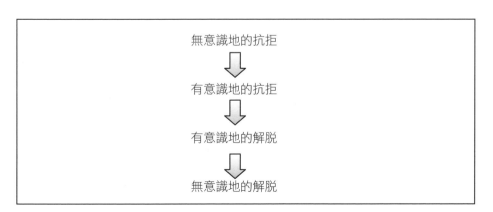

無意識地的抗拒

⬇

有意識地的抗拒

⬇

有意識地的解脫

⬇

無意識地的解脫

有意識地解脫：測試你的主要假設，並找出主要假設何時是有用的、何時是無用的，或根本就沒必要存在。這是本階段最關鍵的部分。通常，人們在這個測試階段，會學會新的行為和新的自我對話。

　　當你可以用新發現的知識，中斷主要假設（以及和主要假設有關的舊有行為與自我對話模式）無作用時的情況，就表示你正在展現新的能力，就要從主要假設中「有意識地解脫」了。

　　這部分需要用心練習，這條路不一定會平坦直順。就算再次跌入與主要假設有關的舊有模式中，也是很正常的。但知道自己跌進去了，也知道如何解脫出來，都是進步的徵兆，你會發現自己正逐漸在實現第一欄目標。

　　無意識地解脫：當你不必再為了解釋主要假設而停下來、思考和計劃時，你就已經發展出「無意識地解脫」的能力了。然後你會自動對抗主要假設限制下的舊有行為和思考模式。新的信念和理解，以及過程中發展出的正念，已經取代了主要假設。即便還沒有完全成功，你也已經在達成第一欄目標上有了長足的進步了。

圖 10-5　從無意識地抗拒到無意識地解脫

　　首先，想想看主要假設的進一步測試要怎麼做，尤其你覺得主要假設經常干擾你時，就更需要做了。測試過程是一個接一個的，沒有一定的次數。如果你是自己單打獨鬥，可以考慮找一位信任的朋友或同事，和你一起進行下一個測試的設計和解釋，有人可以討論或許會有很大的幫助。

　　第二種方式是完成另一種練習，也就是所謂的「找出絆腳石與解脫」，為了持續不斷進步，你必需把剩餘的主要假設都找出來、評估重蹈覆轍的風險、預防不小心再度犯錯，這也能幫你調整個人提示表的內容（請看以下凱絲所填的「找出絆腳石與解脫」練習）。

　　這樣你就能看出這個練習的潛力所在，並且知道自己做得好不好。當你現在再次讀到第 6 章凱絲的例子時，要留意找出讓人陷入主要假設的牽絆後，會有什麼好處，以及如何從這些牽絆中掙脫的方法。

凱絲的「找出絆腳石與解脫」練習

◎ 說說看，你認為自己現在處於哪個發展階段？

　　我大概在「有意識地解脫」和「無意識地解脫」之間的某個地方，我已經放掉了最大的「主要假設」，也不再覺得被它們影響，而且我也對「休士頓事件」中的自己和自己的價值觀有了新的理解，並且在過去的幾個月裡不斷測試。我有充足的理由相信：這些新看法能讓我不再重蹈覆轍。

　　我現在有很多減壓的方法，包括如何在一開始就不要有壓力。我規律地使用這些工具和想法，有時是有意識地，有時是反射性、無意識地。

◎ 你有沒有得出任何結論？或找出任何預測這些主要假設作用的情境？想想一些特別的狀況──什麼人、什麼事、什麼地方、什麼時候。

　　我沒有再發現任何主要假設發揮作用的時刻。

◎ 你有沒有得出任何結論？或找出任何預測這些主要假設不會作用的情

境？想想一些特別的狀況——什麼人、什麼事、什麼地方、什麼時候。

有的。在我全部的工作中，甚至在我與丈夫的關係中。

◎ 你有沒有發現主要假設在不應該出現時繃出來？如果有，你能歸納一下是在哪些狀況下嗎？你有沒有可能（或多或少）又被吸進主要假設下的舊有模式中？有什麼事還會偶爾牽絆你嗎？

沒有。「休士頓事件」摧毀了我的主要假設，從那時候起，我就學會不讓自己再陷入那樣的思維和舉動中了。

◎ 你有發展出關鍵性的「解脫方法」（例如：告訴自己不要被牽絆住），好讓自己在面對主要假設時可以使用？

我和我的團隊成員有一個計畫，當我進入高度緊張狀態時，我會用一個密碼或信號表示。但是到現在我都還沒使用過我的密碼，因為在前面使用的解除情緒的步驟仍然管用。

◎ 你有為自己以前容易激發主要假設的情境，發展出新的行為或方法嗎？

有。整體而言，我變得更能自我覺察、自我調節，我已經比較能適應那些讓我過度緊繃的狀況，也能在我愈來愈緊繃時調適自己。我有很多有效的方法，可以在蘊釀情緒時、或變得情緒化之前，先解除這個惡性循環——

● 在心中覆誦「我很冷靜」這句箴言。

● 使用減壓球。

● 只要一感到自己情緒激動，我就會深呼吸，並深思後再採取行動。

● 當有人說了什麼讓我情緒激動的話時，我會告訴自己：「尊重對方、保持冷靜，這不是世界末日。事情仍在掌控之中，我可以聽聽對方說什麼，

然後禮貌地拒絕他。」

● 當我覺得事情出了差錯時，就會問自己：「問題的癥結是我嗎？還是環境造成的？」

● 當我察覺到自己有壓力時，會試著問自己：「關於這件事，我能掌控和不能掌控的分別是什麼？」接著就針對能掌控的部分好好努力。

● 不時問自己：「這件事有重要到為它去住院嗎？」

● 花時間思考什麼是該做的，什麼是不該做的。

● 當時間很緊迫時，我會預先告訴對方，我可能無法按時完成任務；或詢問他們時間是否可以有彈性，讓我有充分的時間可以完成任務。

● 告訴自己：「我可以按照優先順序，決定哪件事應該要先完成。」

● 在快到截止時間時，我會問自己：「我應該先做什麼，才能有效完成任務？」

● 我按照計畫展開新生活，準時下班，盡量不加班。如果遇到馬拉松式的會議，我會先問自己，是否有參加的必要。

● 如果前一天加班，我會打電話給老闆，告訴她我隔天不進辦公室了。老闆也都欣然同意。

● 經常提醒自己：「這件事情有比我的身體健康更重要嗎？」

● 重視自己帶給團隊的價值和貢獻（所謂價值並不在做了多少事，而是做了什麼事）。

● 重視自己從這個過程中產生多少信心（忘卻恐懼，將自己的價值看得更清楚）。

◎ 要到什麼程度／多久使用一次「解脫方法」來幫助自己，不要陷入舊有的模式？

　　一直都在使用。

◎ 回想一下那些主要假設已經不存在的情境，你對於事情如何運作或如何發生，有哪些新的信念或理解？

　　我之前有一個主要假設是：「如果我讓自己失望，我就會覺得自己被放棄了。」現在我對於「失望」的定義已經不同了，以前它是跟「做什麼」有關，現在它是跟「是什麼」有關。就像假如我都不說、或不分享我的想法，這是我的內在讓我做出來的事，如果我不再有這些想法，或不相信它們是有價值的，我就會讓自己失望。

　　還有一個以前的主要假設是：我認為對每個人來說，一個好的團隊成員凡事都要做到 110%。我到現在仍然這麼認為，不同的是：110% 不再是確認任務完美完成的標準，完美不是指每件事都要做到最好，而是指概念、意圖和思考上的完美。

　　另一個以前的主要假設是：我認為自己凡事都要做到 150% 才算好，到現在我還是覺得應該這樣，只是定義有所不同了。即使只有三分鐘，我也必需決定合宜的精力和時間，這是一種追求卓越所需要的時間和思考品質。

　　我最大的主要假設是：以前我認為就算冒著心力耗竭的風險，也好過達不到 110%，現在則認為這是不正確的。

◎ 促使你做這些改變的想法是什麼？

　　最重要的是，我了解到我以前的主要假設是來自於我的恐懼，我害怕自己在意的事物會被奪走，所以必需一遍又一遍地證明我夠好，別人才不會奪走它們。這跟我當年沒考上醫學院、擔心害怕了好多年也有關係。

我一直認為沒考上是因為我不夠好、我做錯事，所以我從來沒跟別人說過這件事，我只是一直拚命努力，好確定類似的事不會再發生。如今能放下這樣的負擔，實在是很大的安慰。一直背負這個負擔，實在令人精疲力盡，但現在我已經從這種感覺中釋放了。

這整件事讓我發現：其實我做得很好，不只因為我「做了什麼」，也因為我是誰，以及我在工作上獨特的見解，而且我知道其他人也都這麼認為。

「休士頓事件」是促使我了解自己的催化劑，特麗莎的成功告訴我：我不必非要做什麼，才能彰顯我的價值，我的價值源自於我的特殊技能、知識和看法。我獨特的價值就存在於規畫過程中，這份從未有過的信心，成了我改變自己的巨大推力。

我是一個很科學的人，沒有證據的事，我就不會相信。特麗莎的成功是一個強迫性實驗，在我還沒有行動之前，我的目標和願景就能被理解了！

一切都隨著我放下恐懼、發展出自信心而來。我一直試著讓事情有計畫地進行，以減輕我的壓力，並在這個過程中發現不同的技術，以及對我有用的自我提醒。

最起碼，你怎麼知道自己已經做到了，應該可以從這個例子清楚地了解了。當然，如果你第一欄的目標沒有顯著的進步，那就表示你還沒「做到」。但如果你只有顯著的進步，卻沒有像凱絲那樣繼續保持下去，那也不行，唯有行為和心態上的改變，才能使主要假設跟著改變。

現在請利用圖 10-6（見第 274 頁）的指引表，幫助你自己進行這個練習。

在你完成「找出絆腳石與解脫」的練習之後，還有一個最後的問題：
你如何知道自己在這麼有挑戰性的目標上有所收穫？

---

1. 說說看，你認為自己現在哪個發展階段？

2. 你有沒有得出任何結論，或找出任何預測這些主要假設作用的情境？想想一
   些特別的狀況——什麼人、什麼事、什麼地方、什麼時候。

3. 你有沒有得出任何結論？或找出任何預測這些主要假設不會作用的情境？想
   想一些特別的狀況——什麼人、什麼事、什麼地方、什麼時候。

4. 你有沒有發現主要假設在不應該出現時繃出來？如果有，你能歸納一下是在
   哪些狀況下嗎？你有沒有可能（或多或少）又被吸進原來在主要假設下的舊
   有模式中？有什麼事還會偶爾牽絆你嗎？

5. 你有發展出關鍵性的「解脫方法」（例如：告訴自己不要被牽絆住），好讓
   自己在面對主要假設時可以使用？

圖 10-6 **找出絆腳石與解脫指引表**

---

6. 你有為自己過去容易激發主要假設的情境，發展出新的行為或方法嗎？

7. 要到什麼程度／多久使用一次「解脫方法」來幫助自己，不要陷入舊有的模式？

8. 回想一下那些你認為主要假設已經不存在的情境，你對於事情如何運作或如何發生，有哪些新的信念或理解？

9. 促使你做這些改變的想法是什麼？

續圖 10-6　**找出絆腳石與解脫指引表**

🔓 變革第一步：發展自己專屬的變革抗拒地圖

　　一旦從你的主要假設中「無意識地解脫」之後，你可以會再回到改善變革抗拒的歷程，尤其是你仍覺得受阻或氣餒的部分。本書所有的練習依然有用，這些工具可以做為你終生獲得轉化性變革的資源，用來覺察、測試、改變其他的主要假設，幫助你達成其他目標。如果你找得夠努力，就會發現自己在其它領域裡，還有存在許多無意識的抗拒呢！發展出各方面的能力，

才是持續成長的關鍵。

當然，第一步是發展出一張變革抗拒地圖，如果有需要，你可以利用圖 10-7 的表格來做。但這張表格多了一欄「產生想法」，這是用來做腦力激盪的，幫助你找出還在無意識抗拒中的想法。做完後，再回到前面的練

產生的想法	1. 目標	2. 做了什麼／沒做什麼	3. 潛藏的對立想法	4. 主要假設	第一次 S-M-A-R-T 測試
			擔憂箱：		

圖 10-7　**抗拒地圖指引表**

習，重複變革抗拒的改善步驟。

第 9 章提供你直接挑戰生活中的變革抗拒的經驗，第 10 章協助你正視與克服過程中的挑戰。我們在跟領導者工作時，親身體會到這個練習的成果是無可取代的。不管你覺得這個方法有多醒目，如果沒有個人的經驗，它就不會變成助你獲勝的利器，請開始規劃如何參與練習，並選定一個最有利的位置投入這個練習吧！

第 9 章和第 10 章的焦點集中在個人的工作、協助個人進步，而團體（如合作團隊、部門、領導群、整個組織）裡其實也有變革抗拒。如同你在第 4 章所見，許多團體因為建立了團體變革抗拒地圖，而獲得了很大的幫助，還記得醫院的案例嗎？團體變革抗拒地圖幫助他們大量減少了藥物濫用患者的處方箋，提高了醫師和護士之間的信任感，這是他們之前辦不到的。

你或組織中的其他人可能也想幫你們團體建立安全有效的變革抗拒地圖嗎？下一章將會教你怎麼做。

第11章

檢視集體變革抗拒

我們第一次接觸到「集體變革抗拒」這個議題，是多年前在哈佛舉辦的為期兩週的領導集訓時。當時我們邀請了校內各科系系主任和他們的行政團隊一同參與，大約有十五個團隊，多達上百人。我們在集訓開始前，就規劃了各式各樣的豐富課程，並參與了整個活動過程。

一般來說，在每個團隊參加某項課程或活動前，我們都會給予適當的引導，並且給他們適度的空間和時間進行討論，讓他們討論一段時間後，再將他們集合起來。這樣一來，我們就能有效率地給予全體人員回饋。大家漸漸地習慣了這個運作模式，都能不約而同地在固定的時間準時集合。

有一天下午，我們帶領團隊做「個人變革抗拒」的練習，並說明這個議題的概念、給了大家幾個例子後，就發給各團隊一張空白的四欄表格，讓各團隊解散後各自討論，請他們待會兒準時集合。後來有兩個團隊並沒有在集合時間出現，直到隔天早上才出現。這個突發事件成了我們的第一個暗示：或許我們可以用新的方式，來做變革抗拒的練習。

後來我們詢問這兩個團隊為什麼當天沒回到集合地點，他們的回應如出一轍，都表示：「很抱歉我們沒照行程走，因為當時我們正在討論工作方面的事，我們從來沒有這樣討論過，所以大家覺得最重要的是繼續討論，於是就一起去吃了晚餐，希望沒有冒犯到你們。」

本章的內容主要在協助你和其他同事們一起進行團體診斷，了解團體對變革的抗拒。首先，在什麼情況下或是什麼原因，激發你想進行團體變革的想法？

● 身為一個團隊成員，你希望團隊運作更順暢、績效更突出。也許團隊正處於達不到理想目標、進度落後的狀況中，你意識到團隊運作成效不彰，出現了像是「計畫總是跟不上變化」、「大家都不在意團隊其他成員的進度」，或是「大家都習慣自掃門前雪」。

● 你知道團隊有意願（至少願意嘗試）透過反思來增加自我了解。

● 目前團隊內部並不和諧，關係緊張且缺乏信任，任何溝通都可能被視為惡意攻擊，儘管團隊無法達成協議，但至少不能淪為戰場。

如同第 4 章所述，團體診斷可以透過一些方法來進行，而採用的方法會受到團體特性和參加意願的影響。以下是幾個需要考量的事項：

● 如果團隊內部沒有明顯的次團體，或團隊成員少於十二人（例如，你們同屬一個部門，或同屬一個專案團隊），就符合一起進行團體診斷的標準。

● 如果團隊內沒有明顯的次團體，但成員多於十二人（例如，你們都是某家大公司的員工，或你們都是公司大部門的資深人員），就能以 8 個人為一組來進行診斷，再結合各個小團體的診斷結果，以了解整體狀況。

● 如果團隊內部存在明顯的次團體（像是不同年資或不同部門）時，每個次團體可以分別診斷。此時，彙整診斷結果是為了清楚了解大團體中每個子團體的各別狀況。

● 如果沒有任何團隊成員出席（可能因為不是每個成員都能參加、都有興趣參，或單純只是整個團隊太大），可以選出代表性的團隊成員來進

行團體診斷，其目的是為了了解該代表性團隊，也為了後續試探性地將分析結果在整個大團隊中分享。

●如果除了你以外，沒有任何其他團隊成員能出席，那麼就算憑你自己一個人，也能進行團體診斷。但記得，之後如果團隊成員都支持這份診斷的話，整個團隊就會一起落實改革，因此我們必需以團隊為核心來思考。即使這份診斷書無法涵蓋團隊整體，也可以達到啟發其他團隊成員的目的。

診斷設計也分成很多種，不同的診斷設計有不同的目的或限制，因此在診斷過程必需有始有終，在開始前要考慮清楚你想要的是什麼。比如說，如果你的目的是想更了解團隊整體，那就只需要幾位具代表性的成員參加診斷就行，但如果你的目的是想深入了解團隊內部運作，那麼所有團隊成員都必需參與診斷，這樣對團隊的剖析和理解才會最為全面，而且未來的規畫與組織也能包含所有相關人員。

不論選擇上述哪一種方式，都要視個人為團隊基礎，因此每個參與的團隊成員都應各自完成一張變革抗拒地圖，並以這些內容為基礎，建立團體變革抗拒地圖。很多團隊紛紛表示，他們真正想了解的是整個團體對變革的抗拒，因此是否能跳過個人的部分，直接完成團體變革抗拒地圖。

成功了解團體變革抗拒的先決條件在於：每位成員都能審慎檢視自身的技能和慣用的思考模式，因此，如果每個參與者都能確實落實自我反思、思考潛藏的對立想法，那麼的確可以略過個人變革抗拒地圖，直接從團體變革抗拒著手。但如果成員沒有先做充分的自我反思，就直接以團體為思考單位，回答往往會流於表面，甚至讓這個練習淪為團體內部衝突的工具。

如果你仍執意略過個人變革抗拒診斷，那麼在執行團體診斷前，要先向成員們詳細解說，並舉例說明診斷個人變革抗拒的過程，就像本書先前

所提的個人和團體變革抗拒地圖，讓團隊成員能更了解診斷目標。如果你已經準備好要在團體中展開這些練習，就請跟著我們一步步進行團體診斷吧！

🔓 第一步：確定團體改善目標

在選定合適的診斷設計之後，成員們必需確定團體改善目標是什麼。在某些情況下，團隊已經明確知道改善目標，也知道參與診斷的目的，像是「我們必需做得比新進人員更好」或是「我們必需克服高層主管對外溝通不良的情況」等等，不論目標是什麼，這些改變都是新的挑戰。

不過，我們經常看到團隊改善目標過於廣泛或狹隘，像是「我們必需達到成就目標」或是「我們必需改善高層主管們的溝通方式」，這些描述都

你認為團隊應改善的目標	1. 團體共同的改善目標	2. 團體無畏清單（做了什麼／沒做什麼）	3. 潛藏的對立想法	4. 團隊的主要假設
			擔憂箱：	

圖 11-1　**空白的集體抗拒地圖**

可以再精煉成更聚焦的目標（像是「我們必需改善教學方式」，或是「我們必需更有效地做好衝突管理」）。在這個階段，空白的個人變革抗拒地圖（如第 276 頁的圖 10-7）是很有幫助的，你可以提供每位團隊成員一份空白的變革抗拒地圖（如圖 11-1），請他們花一點時間完成最左邊的那一欄，提出他們各自認為團隊需要改善的目標。

接下來，團隊成員需要點時間思考自己的第一欄內容，設法取得共識，確定團隊改善的目標。很多團隊都表示，這個步驟本身就相當有價值，帶給他們前所未有的反思、溝通、討論的機會，進而發現並調和成員間相互衝突的價值觀。

具體來說，雖然每位成員都能夠迅速回答像是「我們必需改善的地方是」（「我們必需成為對年輕老師更具啟發性的領導團隊」、「我們必需更有企業家精神」）的問題，但每個人的答案或對答案的詮釋可能都不同。舉例來說，有人認為能啟發他人和具有膽識就是好的領導團隊；有人認為領導團隊的優劣，應該從他們的領導意願而不是魅力來評斷；有人認為企業家精神就等於是吸引新客戶的能力；也有人認為能守住固有的客戶，也是一種企業家精神。

在確定了團體改善的目標之後，請成員們針對這個共同目標，回答以下幾個問題，以了解團隊抗拒變革的因素：

● 我們真的都同意目前做得不夠好嗎？

● 我們都同意這個目標必需靠我們自己才能達成，換句話說，這個目標不能假他人之手來完成？

● 這個目標真的值得我們不惜一切代價來達成嗎？

如同個人變革抗拒地圖一樣，變革的價值取決於第一欄（改善目標）

的內容。愈緊急重要、共識程度愈高的目標，就愈有價值。如果團隊能針對這個改善目標，回答上述問題，那麼這肯定就是團隊整體的共識了。此時，將這個目標填入變革抗拒地圖中，並做成海報貼在大家都看得見的地方，發揮提醒的作用。

🔓 第二步：勇敢面對阻礙變革的作為（違反目標的行為）

完成了上一個步驟後，給大家幾分鐘去思考「我們團隊做了什麼？或因為沒做什麼而阻礙了目標的達成？」這個重要的問題。

在經過一番深思後，就準備匯集大家的答案，整理出共識，繼續朝「完成團體變革抗拒地圖」的目標前進。

藉由這種能卸除彼此戒心的方式來討論，將原本相當沉重的團隊對話轉變成一股自發內省的力量。與完成個人變革抗拒地圖不同的是：團體變革抗拒地圖中每一欄的內容，都是集體反思、互相理解，與再凝聚後的結果。

接著可以透過以下幾個評斷標準，來完成第二欄的內容：

● 列出具體行為，包含確實有做與沒有做的行為。

● 盡量如實呈現上述行為，愈豐富愈好。內容的真實性與豐富性都能提升這張地圖的影響力，這一欄的目的不是在揭示團隊的缺失，只是一個過程罷了！你很快就會看到這一欄的豐富呈現帶來的好處。

● 再次確定這些行為與第一欄所列的改善目標息息相關。完成第二欄的目的並不是要團隊成員比較這兩欄的差距，第二欄的關鍵價值在於：讓團隊自覺自己做到了什麼，又有什麼是沒做到的，哪些行為無形中阻礙了團隊改善目標的達成。

● 不要回頭探究這些行為產生的因素，也不要費心擬定杜絕這些行為的計畫。當然在這個階段，團隊成員會想解釋做出這些沒效率行為的原因，也有強烈的動機去糾正這些行為，但這些都是徒勞無功且應該被制止的舉動。面對自己弱點時那種讓人不舒服的感受，還有想剷除這些缺陷的衝動，都是可以理解的，但現在還不是時候。現在應該且能夠做的就是：徹底檢視並誠實面對團隊的一切，團隊成員之前的任何行為都有其價值。

最後一項評斷標準對於團體診斷更是重要：

● 上述行為確實是指團隊整體有做到與沒做到的部分，不是在描述「是其他人，不是我們」、「是內部其他小團體」或「是我們的對手」的行為，而是全體都承認的「我們」的無效能行為。

如果沒辦法達到最後一項標準，那麼這個團體診斷很可能變成混亂的相互指控，但如果符合這個標準，那麼這個步驟就成了一個互相理解、令人振奮的團隊省思機會。第 4 章中的專業服務公司變革抗拒地圖，其改善目標為建立互信互助的氛圍，第二欄內容如下：

● 我們寧可自己一直說，也不想聽彼此說什麼。

● 我們經常在別人背後議論紛紛。

● 如果決策沒有徵詢我個人意見，我就不認同這個決定。

● 我們認為個人的工作比團隊的工作重要。

● 在情況不明時，我們從不假設別人是好意的，反而多是惡意的。

● 我們都避免去談難以啟齒的事。

● 我們從不盡力去了解彼此的工作。

● 我們不分享訊息。

● 我們建立並延續獎勵系統，但對個人成就的激勵永遠多於對團隊成就的激勵。

● 我們經常互相批判和指責。

● 我們結黨結派，而且一直只跟小圈圈的人合作。

● 我們在外奔波服務客戶，保持忙碌，做好避險動作，以對抗經濟下滑和不景氣。

● 我們為了拉攏資淺的同事加入特定計畫，彼此互相競爭。

又或者像學區領導團隊的例子，他們的目標是以現有的研究資源和數據為基礎，希望強化英語學習的重要性：

● 我們無法堅持完成計畫內容。

● 不是每個人都能善用學區內既有的資訊。

● 教師們缺乏教育訓練。

● 我們對教師們的教學技巧、策略和能力的要求不一致。

● 我們對工作人員的期待和給他們的訓練不一致。

● 我們無法持續有效運用資源來支援這個計畫。

● 我們缺乏系統性的評斷來檢視最佳策略。

● 我們沒有在每次重要的說明會上傳達我們對目標的重視。

● 在與各個學校溝通時，我們不清楚什麼是可以妥協的、什麼是必需堅持的。

● 我們沒有分析計畫的完成程度。

● 我們沒有讓教師和校長參與變革，因為我們沒有數據可以支持變革的必要性。

● 我們想要完成學區整體計畫，卻只想參加自己學校喜歡的項目。

相信你們團隊完成第二欄的內容後，不會因為列出這些看似與目標矛盾的行為，而感到沮喪，反而會因為能確實列出這些行為、了解該為這些行為負責，而感到踏實。這個練習不會讓某個人成為千夫所指的對象，反而能讓大家一起鼓起勇氣反思，面對真實現狀，讓團隊比以前更有凝聚力。

不論要耗費多少時間，團隊一定要一起思考第二欄的內容，並在完成後把這張地圖貼在大家能時時看到的地方。

🔓 第三步：揭開團隊的對立想法

成功完成之後，下一步驟將要檢視團隊的變革抗拒。這裡的關鍵是創造一個有力但經常是挑釁的第三欄想法，這個部分經常會超乎團隊的想像。

想想第 4 章中提到的例子。資深教授真心想為資淺教師創造一個周到專業的家，但在這麼做之前，他們必需知道自己放棄的，正是維持資深教授特權必要的部分。國家森林局的救火員一開始真正想要的是：減輕局裡的傷亡。但在這之前，他們必需知道：害怕無法負荷或失控會阻礙他們降低死亡率的可能性。真心希望在英語學習上做得更好的學區又如何呢？他們也會擔心這些高期待所帶來的負擔，會讓他們無法繼續收取低學費，也就是他們所謂的「同情文化」。

另一個學校的領導團隊寫出了又長又勇敢的第二欄行為，讓他們最震驚的是：他們有責備他人多於責備自己的想法。（「如果我們讓每個人都做

了他們該做的事，結果還是沒有成功，那就沒有人該被責備了，然後我們就被人認為沒有效能。」）換言之，他們為了避免被「公開」評論是無效能的領導者，所以「偷偷」做著無效能的領導。

很多人看到別人建構出來的團體變革抗拒地圖時，經常會說：「真是令人驚訝！一個團隊可以這麼地誠實，我很難想像我們團隊也能做得到。」其實很多團隊成員開始建構團體變革抗拒地圖時，根本沒想到自己能對其他人那麼開放，「誠實」已經不是問題了。

大部分狀況是：大多數成員都沒察覺到團隊的自我保護動機（第三欄想法），他們的想法就像照片一樣，神奇地出現在圖上，這是在克服抗拒的過程中，被團體力量催促而釋放出來的。

第二欄對話之所以能讓氣氛變得輕鬆是因為：成員們終於可以在團隊裡談論他們做過的適得其反的事，但第三欄的內容通常是他們無意識做出的善意行為，也就是共同動機產出的行為。

你們團隊也可以用問卷找出第三欄的內容，也就是第二欄裡導致目標無法達成的想法。先讓團隊保持安靜，要求每位成員在自己的第三欄頂端寫下「擔憂箱」：「如果我們要做跟第二欄內容相反的事，我認為團隊最擔心的會是什麼？」

在每個人都思考過這件事之後，團隊就能開始分享第三欄的內容了：

● 思考每位成員提出的每個擔憂或害怕。

● 將這些擔憂或害怕轉為第三欄想法（例如：把「我們擔心長官會認為我們沒有百分之百投入工作」變成「我們希望不要有『長官認為我們偷懶』的風險」；或將「如果信任團隊可以自己做決策，我們擔心自己的個人利益將會不保。」變成「我們盡力在每個決策中掌握發言權，以保障我

們的個人利益。」）

● 在團隊的變革抗拒地圖上，寫入每個可能的第三欄想法。

在你寫下任何想法之前，請參考以下團隊應注意事項：

● 你第三欄的每個想法很明顯是團隊自我保護的想法，每個想法都緊緊連結了某項團體的擔憂或害怕。第4章的專業服務公司的團隊成員，都不把未曾徵詢過他們的決策當成「真正的決策」，並把這一點寫入第二欄。當他們討論到把這些決策當成「真正的決策」可能引起的擔憂時，他們的共識是「在我們沒有被徵詢的情況下，要把這些當做真正的決策，我們就必需相信別人會考慮到我們的主張和利益，也必需相信彼此是可以信賴的，我們其實很擔心自己會變得脆弱或依賴他人。」團隊的擔憂或害怕寫得很清楚，而另一個想法是「不要依靠別人，永遠不要依賴他人」這很明顯是團隊的自我保護想法。

● 每個想法都會讓第二欄的某些阻礙行為變得很合理。再看看第三欄的想法，你會發現之前第二欄的行為是任何團隊都會做的事。（假如專業服務公司的團隊成員都認為永遠不要彼此依賴的話，那麼除了他們自己之外，就不能讓任何人來權衡重要的決策了。）

● 你們團隊現在都知道，只是要消除第二欄的行為而已，卻怎麼都辦不到，那是因為這些行為都扮演著非常重要的角色。

● 最後，專業服務公司的團隊會看到團隊如何在同一時間，往兩個相反的方向移動，並了解為何每個人都覺得自己陷在這個難題中。

例如，當變革抗拒地圖愈來愈清晰時，專業服務公司的團隊成員希望有更好的內部合作，卻被「不依賴、不依靠自己以外的人」的偏見阻礙了。而且團隊可以跟第三欄原始的進步目標連結，而看到第三欄抗拒變革的另一

面。現在你可以在你的地圖上做同樣的事，你們團隊也可以清楚看到第三欄裡每個隱藏的對立想法，是如何誘發第二欄的阻礙行為、如何「踩了剎車」，妨礙第一欄目標的達成。

還有一種情形就是：你並不覺得這張地圖有強烈改變了你們團隊的大部分成員。你可能會想：「我們都已經依照指示進行了，但這張地圖還是沒抓到我們的問題，也沒讓我們有什麼頓悟，我們完全沒有那種『天呀！真是令人吃驚，它們好真實哦！』的感覺。」

如果你們團隊正是如此的話，你該怎麼辦？請記住，抗拒系統在危險的世界裡擔負著重要的使命，保護你們避免慘遭厄運。如果你們沒有被變革抗拒地圖衝擊到，那也只是因為你們還沒看到那場精采而隱晦的生死大戲而已。抗拒系統會引發的危險正潛伏在那裡，等著結束你的生命，而你卻還沒把它放進第三欄中。

這可能有兩個原因：一來是你還沒確實找出你的恐懼，那個與第二欄行為相反的事有關的恐懼，或者你已經找到了真正的恐懼，卻無法捕捉到其中的第三欄想法。所以，讓我們快速地看看這些問題，並討論如何修復它們。

還記得第 4 章某校區教育委員會嗎？他們最後找出了「過於保護孩子」這個重大的發現。他們在檢視這個限制了他們的心態時說：「我們不應該堅持『對學生期望太高，會變成他們高壓生活中的另一個負擔』的想法，結果造成更多失敗經驗。」對他們而言，點亮這個團隊的思維方式，是非常有價值的事，但記得嗎？他們一開始可不這麼想。

在建立他們的第一張變革抗拒地圖時，他們並沒有確實地面對這些課程與教學上的困境，這其實才是他們最大的擔憂。如果引進新教材和新教法，他們擔心可能會增加額外的工作，也擔心這種不確定性，以及自己會不

會能力不足的問題。

嚴格來說，他們的變革抗拒地圖符合所有的標準，但還是不夠，他們還需要再深入自己的恐懼。當初他們是被其中一個勇敢的團隊成員帶來面對這個「同情文化」的想法：「我們不敢在學生們小小的背上，再加增重量。」如果你的地圖感覺還不夠有力量，不能挑釁你們團隊的集體心態，那你就先將團隊的注意力導向第三欄的擔憂箱：「我們必需探索得夠深，這樣我們在做出跟第二欄相反的行為時，才能夠面對我們的恐懼。」

你也可以參考我們跟一些研究型大學圖書館一起工作的情形，他們努力要擺脫圖書館在大學裡的邊緣角色，不再只是聽命於教師和行政決策，而希望跟大學教務中心有更多的合作。但他們做了什麼違背自己期待的事呢？

圖書館館方在大學的各種會議中都沒有一席之地、在決策機制裡沒有發言的機會，也沒有立場積極發展跟他們有關的重要議題，究竟是什麼樣的恐懼讓他們什麼都不敢做呢？早期他們也努力了好幾次，卻什麼也改變不了，他們說：「我們擔心，如果我們太過高調，會被認為太招搖或太幼稚；畢竟我們只是一間圖書館，所知有限。」

這的確是一針見血的想法，但在做過三欄練習後，變革抗拒地圖仍然對他們沒有什麼吸引力，因為他們的第三欄想法並沒有找出隱藏在恐懼之下的所有危險。「校方要我們做圖書館該做的事就好。」當他們寫下對立的想法、並且愈接近恐懼時，變革抗拒地圖有了完全不同的感覺：

- 我們不採取行動，以免讓我們看起來太招搖或太幼稚。

- 我們不想在「案主」或老闆面前丟臉。

- 我們不希望在學校的行政體制中，缺乏成為真正夥伴的資格。

圖書館的變革抗拒地圖現在顯得有力量多了，因為他們一起找出過去

沒看到的部分，也對「踩在煞車上」如何阻撓他們的進步目標，有了更多的體認。他們發現本想保護自己，卻反倒帶來危機，也看到自己的抗拒系統有多麼合理化、多麼封閉。

以下有個方式可以確認你們的變革抗拒地圖是否有效：假如這個恐懼有反應出團隊在心理上及物質上安全的威脅、危機和風險，表示你們已經成功完成了這個步驟；現在，你們要檢視自己是如何將焦慮轉為對立想法的，以及所有恐懼的力量有多大。

如果你們已經解決了所有潛在的危險，團隊地圖現在應該已經提升到頭和心臟了：你們已經知道是什麼讓你們一成不變；也都對自己創造的圖像感到好奇與躍躍欲試。相信你們應該也有興趣知道如何擺脫現狀，這就要進入下一個練習與對話了。

🔓 第四步：發現團隊的主要假設

如果你們對於團隊的變革抗拒已經有所了解，那麼最後兩個步驟將有助於你們找到克服變革抗拒的方法。翻轉抗拒的過程成了對付適應性挑戰的一種工具，它把進步目標轉為「好問題」。如同其他團隊一樣，用技術性方法解決適應性挑戰，你的團隊也會開始運用對付適應性挑戰的技術性工具，使第二欄行為迅速減少，讓你們團體因而得到改善。

跟解決個人變革抗拒一樣，你們需要一個入口，讓團隊對抗拒系統產生影響和改變，而不再被抗拒系統所掌控。有位專業服務公司的合夥人說，在移地訓結束時，並沒有人站出來高聲疾呼「我們必需改變」，才終於讓他鬆了一口氣。他說的正是他們團隊多年來試圖用技術性工具解決適應性挑戰（也就是彼此更加合作）的經驗。

想要成功變革，光有誠意和和堅持是不夠的，使你們團隊無法朝目標前進的集體心態需要改變。當你開始陳述這些抗拒時，你會如瀑布般地釋出很多意外的行為，把進步目標掃除怠盡，而且還會把目標掃到很遠的地方。（還記得本書 Part II 的案例嗎？）。

下一個步驟和團隊對話是一個翻轉團隊抗拒系統的理想起點。先安靜個幾分鐘，讓團隊成員填寫原來抗拒地圖上的第四欄。看看貼在牆上的第三欄內容，然後問自己：「如果我們有這些對立想法的話，那我們的假設又會是什麼？」（更精確的說法是：「我們是否被這些對立想法挾持了？」）

圖 11-2（見第 293 頁）的團體變革抗拒地圖，是我們協助過的大學圖書館案例。

當每個人都有機會思考一點自己的事，你就可以收集到第四種團隊對話，並且聽到每個人的第四欄假設。將符合以下標準的部分，寫在你們共用的變革抗拒地圖上：

● 如果這些假設真實存在，那麼每條主要假設都會產生一個或多個第三欄想法（例如，如果我們說了愚蠢的話，我們和大學同事間的關係就全毀了，這個想法使我們努力不在他們面前出糗）。整體來說，主要假設一定會讓第三欄想法成真，以鞏固抗拒系統。（第三欄想法很明顯是來自於主要假設；第三欄想法聰明地創造了第二欄的行為；這些行為清楚地破壞了第一欄的目標）

● 主要假設讓團隊看到一個更寬廣的世界，直至現在，團隊仍未獲准進入這個世界冒險。在你考慮探索這個更大的世界時，你會看到你的主要假設如何建構一個「危險區域」。這個圖書館踏進了一個世界，讓他們以為自己對系統化地思考和全盤考量大學校務完全外行。這些專業服務夥伴們很依賴彼此。事實上他們都可以做前敘的事，但主要假設叫他們不要這

1. 團體目標	2. 做了什麼／ 沒做什麼	3. 團隊潛藏的 對立想法	4. 團隊的主要假設
· 擺脫圖書館在大學的邊緣角色，不再只是聽命於教師和行政決策，希望跟大學教務中心有更多的合作。	· 在大學的各種會議上沒有一席之地。 · 在決策機制裡沒有發言的機會。 · 我們沒有立場積極發展跟我們有關的重要議題，即使我們知道這些議題日趨重要。	· 如果我們太過高調，會被認為太招搖或太幼稚。 · 我們不想在「案主」或老闆面前丟臉。 · 我們不希望在學校的行政體制中，缺乏成為真正夥伴的資格。	· 我們假設同仁和行政人員可能對我們有很高的期待，希望我們可以馬上配合他們，如果我們做不到這一點，他們就會覺得我們不符合他們的要求。 · 我們假設萬一說了什麼愚蠢的話，一切就完蛋了，這一點我們一直很注意。 · 我們假設在任何事情上我們都必需是專家，沒有所謂的「學習曲線」這回事。 · 我們假設「要做的事」是不可更改的，要嘛做到，要嘛做不到，沒有「慢慢發展」這回事。

圖 11-2　**大學圖書館的集體抗拒地圖**

麼做，可能是所有警示都完全合理的關係，也可能是他們的主要假設是扭曲的，因而讓他們的整體生活縮進一個侷限的小範圍中。

在第四欄的討論中，重要的是讓每個人了解，此時的目的不是去解決問題，或爭辯主要假設的價值。你所聽到的假設有些可能是真的（「你說我們『假設』某些不好的事會發生是什麼意思？相信我，不是假設，是真的會發生！」），有些你想爭辯的假設確實是錯的（「從邏輯上來看，有大量的證據證明它是錯的」），有些是你或你們團隊不太確定的（有一部分的我覺得這是對的，或大部分時候都是對的，但又有一部分的我覺得不對）。

然而，目前的重點不是解決以上任何問題。關鍵是要看團隊的共識，也就是團隊心態，是否時時受到你們的假設影響（這也是為什麼它們會叫做主要假設）。問題是一旦團隊完成了第四欄的內容，接下來就會忍不住想：「它們是真的嗎？」：

- 我們的心態是否真的影響了我們的效率？

- 如果我們能夠擺脫這些團隊思維，我們會覺得有很大的差別嗎？

- 我們覺得我們是否應該為自己改變什麼嗎？

假如這些問題的答案是否定的，那麼不管你們團隊對團體診斷多有興趣，這個探索都會在這裡結束了。沒有一個團隊會想從診斷變成治療，因為這個病似乎不嚴重。沒有急迫到要立刻解決變革抗拒的問題，因為不改變也不會造成什麼損失。實際上，這正是你們團隊第二次做「腸道檢查」的機會，並且決定你們淬取出的第一欄改善目標有多重要。

在大部分情況下，這些問題的答案都能得到大力肯定。原始的改進目標是非常重要的，現在你可以看到這個心態如何阻止你們達成目標，這會鼓勵你們採取最後一個步驟，好讓團隊改善自己的集體抗拒。

🔓 第五步：準備測試你的主要假設

統整團體診斷歷程的最好方式，就是讓團隊成員進行一個或多個實驗或測試，以找出主要假設。你可以透過實驗或活動測試讓大家腦力激盪，產生這股實驗熱情，再藉由你們從中獲得的資訊或經驗，質疑或反駁主要假設。可以先用他們個人原來的變革抗拒地圖，讓他們先個別腦力激盪，然後再做團體腦力激盪。

如同第 10 章談到的個別測試，第一個團隊測試或實驗應該要具備 S-M-A-R-T 設計：

● 測試或實驗必需是安全的（Safe）。（假如事情變糟，你們團隊至少還能活著，大可在另一天進行另一個實驗）

● 測試或實驗必需是溫和的（Modest）。（你的團隊只是在跨越危險區的標誌上，採取了第一步；並不是安置到標誌以外好幾公里的某個目的地）

● 測試或實驗必需是可以操作的（Actionable）。（該團隊或團隊指定的代表要能及時進行測試或實驗，這樣才不會失去動力）

● 測試或實驗應該是為了某個研究（Research）在收集數據。（而不是為了改進計畫）

● 這個計畫必需能評估其測試（Test）主要假設的效益。（而不是改善行為的策略）

還記得專業服務公司的合夥人們設計了一個思考實驗和一個操作測試嗎？為了刺激參加者的創業精神（它對企業內部有多重意義），他們想檢測每個人想出來的不同元素，評估他們是否或以何種方式被合作機制威嚇或限

制，並研究是否有任何元素實際上可用合作倫理來輔助。

他們決定採用 10 個創業項目（服務的新客戶、推銷新方案給現有客戶）來做測試，他們是一起合作進行，而不是單打獨鬥，以測試他們是否能形成新的合作聯盟，並成功完成新的業務，同時打破熟悉的結黨結派方式，從中找出每位成員的個人風格。

關於這些設計活動還有幾件事要說，它們都可以應用到你和你們團隊的設計中。首先，它們都是為了要找出跟主要假設有關的訊息，而不是要讓團隊馬上「變好」。這個團隊特質（採取行動以探討其心態，而不是企圖立即改善問題）與測試或實驗本身一樣重要。

我們之前提過一個由來已久的爭論：是「先改變心態才能改變行為」，還是「先改變行為，心態就會跟著改變」。而我們選的是第三種方式：我們相信心態是行為的源頭，也相信在特定目的下，特定的行為會使心態改變。也就是說，行為可以給你有關心態的資訊（認知和情感的），但所謂的「行為」是指：懂得自我反省之人的行為，而不是社交工程師的行為。

因此，在進行了這些實驗和測試之後，最重要的是將這些結果帶回團隊，而問大家「這些結果讓我們找到主要假設了嗎？」要比問「我們是否更接近目標？」更好。很少會只用一個實驗的結果，就讓你得出「你的主要假設完全錯誤」的結論，但如果你們團隊的實驗和測試結果，可以用好幾種方式挑戰主要假設（通常可以），這樣至少可以形成積極的動力，好讓你們探索得再深一點（「當然，在這些非常有利的條件下，結果是很好的，但在 X 狀況或 Y 狀況之下，也能得出好結果嗎？」）

在真正的練習中，這些設計好的測試只是開始而已。最終，變革幅度最大的團隊實驗往往會重複發現：「我們又被主要假設影響了」。當成員們在行動中愈來愈容易發現主要假設，他們的洞察力就會啟動自發性的測試和

實驗。「如果我們故意按主要假設說的去做，那會發生什麼事？有更安全的作法嗎？如果把這個方式也當成一種測試，實際上會得出什麼樣的資訊？這個計畫可以讓我們獲得想要的資訊嗎？」

按照我們過去的經驗，要讓看似棘手的組織挑戰有明顯的進展，最有力的基礎是結合以下兩者：與團隊變革有關的個人抗拒渴望、團隊發展出的集體抗拒景象。團隊經常為了最困難的挑戰，花了很多無效能的時間去討論，卻得不到有用的結果。如果用同樣的時間來支持個人抗拒的翻轉，為團隊創造機會去探索主要假設，那麼抗拒反而能讓個人學到東西，而組織也能成功變革。

如同本書 Part II 所建議的，如果你們團隊採取了這樣的做法，並且變革成功，那好處就不只是「你達成了第一欄的改善目標」而已。如果能夠合宜地應對適應性挑戰，那麼即便是成人也能獲得心智複雜度的成長。這表示個人與團隊都將建立日益複雜的功能，並內化到個人生活的各個層面中。如果你們團隊對這樣的改變有興趣，我們會為你們的成功喝采，也希望你們能跟我們分享過程中的發現。

結語

領導者成功引導組織變革的七大關鍵

　　每年一月，世界經濟論壇（the World Economic Forum）的舉辦往往會成為全球最熱門的話題。這場為期四天的活動，只邀請兩千位來自全球各大企業的老闆、地區負責人、大學校長、電視名嘴和評論家，他們齊聚於瑞士的達沃斯（Davos），一個位於阿爾卑斯山上的小村，熱烈討論全球發生了哪些大事。

　　幾年前，我們也曾受邀參加這項活動。這場會議充滿樂趣，那些喜歡不斷腦力激盪、熱衷和只出現在書中或電視上的名人一起學習的人，尤其樂在其中。除去華麗的文字和修飾，這項活動其實只有一個主題，那就是：變革。

　　「世界正在改變，你的企業也在不斷變化中，如果你還有一絲判斷力，最好也要有所改變。」那四天裡從早到晚，無論是小組分開或全員齊聚討論、不管在用餐時間或在接駁車上，「變革」這個話題都從未間斷。

　　可惜的是，在這麼多優秀領導人齊聚的情況下，大家卻很少關注「為何無法變革」的感受、焦慮與動機等，但這似乎也在意料之中。因為在這四

天裡，沒有任何會議討論過「變革為何如此困難」或「我們應該如何變革」之類的話題。

因此，本書擷取了我們二十五年來研究結果和實務操作的精華，解讀了阻礙個人和團體變革的核心現象，以及如何克服變革的困境。在我們看來，能克服變革抗拒的領導人和組織，定會在其所屬領域中為新世紀的主導人。他們會為了實現目標而制定標準，成為競爭對手最佩服的對象，更會獲得內部成員最高的忠誠度與承諾。

🔓 領導者帶領組織發展的七大關鍵

組織要如何成為一個人才不斷進步的大本營？又要如何幫助更多成員躍進，而且是能夠釋放全部潛力的大躍進呢？

為了促進真正的變革與發展，領導者和組織文化都必需不斷發展，也就是說，他們必需傳遞「成年人也能成長」的訊息：

「我們都能持續成長。」

「為了達成目標，我們『必需』要成長（無論是整個組織、部門或團隊）。」

「為了體驗工作中最高的活力和滿意度，我們會『想要』成長。」

那麼，真正的「發展」具備了哪七大關鍵：

1. 認同成人也必需持續成長和發展。

2. 強調技術性學習和適應性學習之間的差異。

3. 認同並培養個人內在的成長動機。

4. 假設心態的改變需要時間，且改變並非均速。

5.「認同」會形塑人的思想和感覺，所以心態的改變應涵蓋大腦與心。

6. 認同轉變並非單在心態上或行為上改變，而是要兩者相輔相成。

7. 提供安全保障，使人願意冒險去改變自己。

接下來，請為自己和你的團隊或組織進行盤點，但切勿以「列清單」的方式思考。不要凡事都回答是與否，而要將盤點結果或特徵視為一種趨勢，並定位你自己或你的團體，思考在這種趨勢下，你的下一步要怎麼走。

盤點之後，仔細看一下，你目前的現況如何？下一步是很容易，還是充滿挑戰？又有哪些步驟最重要，應該優先處理呢？

🔓 1. 認同成人也必需持續成長和發展

如果說「心智發展」是在發生在一個人年輕時，那麼「正式學習」就是在為其成年做準備，或成為其職業生涯的軌道起點。在 21 世紀，成功的領導者要能認同：有組織的學習是為成年生活做的必要準備，而對成年後的生活來說，心智的成長也同樣重要。

根據我們以往的經驗，在大多數組織中，無論是私部門或公部門，專業發展的文化在實際上跟期望上仍有明顯的差距。有趣的是，許多領導人並沒有意識到這一點。

當企業界高喊「成長」與「發展」的口號時，實際上偏重的是學習的「傳遞模式」（而非「變革模式」），也就是：某個人（通常是專家）將知識傳遞給學習者。學習者可因此增加心智能力，提高知識水準，但無法觸及更深層的心智再建，以提升自身思考的複雜度，例如：能夠讓作業系統有更多的檔案與應用程式，卻無法顯著提升作業系統本身的效能。

　　領導者若能導入更多變革模式，那麼組織的學習就會變得很有趣了。一般而言，組織學習包括：重點培訓課程、主管教育、企業大學、章節式的「專業發展」活動等，這些形式和功能會在不知不覺中將學校教育應用到成人教育中，這不僅是為「人生的單一旅程」做準備，也是為「一整條人生道路」做準備。

　　已存在的專業發展形式永遠不會消失，也不應該消失。它們是一種適當的工具，可以幫助工作者學習新的技能，也能應付新技術的挑戰。然而單靠這些卻無法滿足多元學習的需求。

　　你不妨觀察一下自己組織中的學習傳輸系統，它展現出的「工作心態」是什麼？是只能增強技能，還是本身也能進行本質上的改善？

🔓 2. 強調技術性學習和適應性學習之間的差異

　　對於「轉化性學習」的推廣，我們目前的設計還不夠恰當，因為轉化性學習要能滿足適應性挑戰。本書開頭提到了榮恩・海菲茲的評估，認為領導者的最大、最常見的錯誤就是：想透過技術手段來滿足適應性挑戰。總有一天，那些負責組織學習的人回顧一切時，必然會說：「我們使用了技術性的學習設計，卻期望它們能夠產生適應性的結果。」

　　我們有一位負責某公司企業大學的客戶曾跟我們說：「很多部門經理將下屬交給我們做教育訓練，希望他們回來後，能夠做原先做不到的事。若要滿足這些經理的期望，就必需要採用轉化性學習，但我們卻做不到，因為我不知道有哪間企業大學真的能夠提供轉化性學習。」

　　那麼，部門領導人究竟希望手下的員工能學到什麼呢？

　　一位瑞士金融服務公司的 CEO 說：「這個世界正在改變，客服經理必

需重新思考自己的工作。過去二十年來,他們一直在管理客戶的文件資料。他們很會使用金融工具、對數字很有概念,也很擅長分析和預測。但現在他們必需具備更高的敏感度,並與顧客有更好的互動關係,能夠跟顧客談論生活、喜好、關心的全球議題,以及顧客想如何運用資產,這是一個截然不同的工作。」

一位在辛辛那提(位於美國俄亥俄州)的學校管理者則說:「這個世界正在改變,學校校長也必需重新思考自己的工作。過去二十年來,他們是最卓越的培育專家,他們知道如何協調各種作業流程,以建造出安全、有效率的建築物。但現在他們必需成為教學改革的領袖,他們要更貼近教學現場,了解老師在做什麼,並指出老師在教學上可改進之處,這是一個截然不同的工作。」

舉例來說,一位客服經理參加了最先進的企業大學金融服務相關課程。該校校長則正在參加世界一流大學的密集暑期學院課程,而這所大學也提供了後續工作上的指導,包括網絡研討會與大學教授的教練式訪視。

在以上範例中,領導人都有堅定的心志,而且深思熟慮,願意砸下重金支持員工學習,而員工本身也積極參與,即使在這樣的情況下,還是有很大的風險。他們都期望當初為兒童設計的教學系統,在某些程度上也能符合成人的需求。

雖然學校校長和客服經理都走進了課堂,但這群暫時組合的團體既沒有共同的目標或責任,彼此間也沒有交集,課程結束後,他們可能從此不再相見。而安排他們來上課或受訓的人,則希望他們能學到專業發展、繼續教育的「轉化」能力,並且在返回工作崗位後,能應用於工作上。

若是以教室課程為主的教育訓練,不適合深入探討參與者的心智模式,有些人又不喜歡太個人化的課程,所以設計課程的單位不太可能提供更大型

態的學習方式，讓參與者改變自己的行為。

　　成功領導者的成人發展會以「結果」而非「過程」為導向，如圖 C-1 的概述。他們會發現，自己在開始課程的那一刻，就已經錯失了處理「轉化問題」的契機。他們比較喜歡「從轉化開始」，而這個方案的設計是根植於真實且完整的工作團隊。

　　這種團隊成員除了一起學習外，還有共同的目標和任務，彼此的學習

20 世紀的特點	21 世紀的特點
過程導向	結果導向
1. 在經過設計的團體中學習（課堂教室）	＋在工作團體中學習
2. 在工作流程中「暫停」	＋將工作流程融入學習中
3. 時間限制	＋時間彈性
4. 間接的學習者責任	＋直接的學習者責任
5. 知識性／技術性	＋轉化性／適應性
6. 尋求學習上的轉化	＋從轉化開始
7. 服務團隊領導者	＋與團隊領導者一起學習
8. 學習人員和前線人員界線分明	＋界線較寬鬆／兼職人員
9. 連結鬆散的總體企業戰略	＋連結緊密的總體企業戰略
10. 行動的籌備	＋在行動中支持

圖 C-1　將學習從教室移轉到工作團隊：進階版組織學習的設計特點

很容易緊密相連。因為他們每天一起工作、一起面對真正的挑戰，自然會持續且有興趣關注每一位同事，當同事有所改變與進步時，他們很容易就察覺到了，也能進一步評估判斷這些變化。

那麼，校長和客服經理投入組織學習後，其未來會是什麼樣子呢？想像一下，一個管理者或 CEO 領導的團隊像現在一樣會定期開會，推動著團隊朝組織目標前進。大部分時候組織的運行都與之前相同，但效率卻有著顯著的提升。為什麼會這樣呢？

那是因為團隊已經發展出一個健全且可持續運行的第二個管道。雖然團隊運作很規律且有既定排程，但在有需要時，團隊也會自動從操作模式轉換成學習模式。團隊成員都意識到克服變革的困境，並集體不讓自己有太大的進步。

團體也是一個個人學習與聽取他人引導的場所，更是新能力的培育器，所謂的「新能力」指的是：在重製飛機的同時，還能駕駛它，讓它精確地適應工作。

身在團體中，不見得會很舒適，畢竟冒險需要很多勇氣，在學習過程中難免會有恐懼感。但如果你問任何一名成員，甚至是當初抱持懷疑態度或抗拒學習的成員，幾乎沒人想要回到以前的運作模式。能讓人持續自我發展的學習是非常珍貴的，也會使人更有活力。當團隊成員重新塑造自己時，也重新塑造了整個團隊。

一邊是有別於工作領域的有系統的學習，另一邊是將組織學習融入每星期需完成的工作中。你會選哪一邊呢？

🔓 3. 認同並能培養個人內在的成長動機

　　你的組織或組織文化視什麼為「連續性優先」（相對於「週期性優先」），是一件值得思考的事。美國舊金山的金門大橋一直不斷在粉刷中，全部粉刷完的第二天，又是下一次重新粉刷的開始。全市為了持續保持大橋的金色光芒，費了很大的功夫。你的領導或組織又是如何展現與保持其「持續性」呢？

　　諷刺的是，即使是已經提高了學習品質的組織，在進行作業與系統的「持續性改革」時，通常也不會想到人力的持續性發展。由於大多數系統改進屬於適應性挑戰，因此，若要改進系統，不只結構或運作要重新設計，還需要人才轉型以支援重新設計。

　　許多企業都認為策略諮詢可以得到極佳的策略建議，而領導人也真心想實行這些策略，但最後這些「頂尖策略」都沒有什麼成效，因為頂尖的策略諮詢欠缺人才轉型，因而無法支援這些策略。

　　但也有許多企業很注重人才發展，只是後來無法持續，也未曾定期培養人才，畢竟組織並不是金門大橋。企業不時會給員工假期，就像前述的銀行家和校長，公司會把他們送到企業大學，參加高階經理培訓課程、送到領導力開發學院，或給他們年假，以便學習與進修。

　　公家機關和私人企業唯一的差異在於：能放員工多久的假。學校的行政人員非常樂於參加為期兩週的暑期課程。但企業的 CEO 可能就不太願意參加好幾天的課程。但其實兩者的基本模式完全相同，那就是：偶爾離開工作一會，進修充實自己，就像電池充電一樣，充飽之後，再帶著新的爆發力回到組織。

這個模式聽起來是不是很像某種熟悉的工作設計？那當然就是「度假」了！這對你來說是否合乎邏輯呢？21世紀初期的成年後潛力發展，也就是人才轉型的基本模式，是否更像是定期休假與復工呢？

如果你的領導或組織持續進行改革的話，就一定能通過下列測試：

● 每個員工都能回答以下問題：對你個人而言，最重要且需要努力做得更好的事情是什麼。

● 無論是新進員工或公司創始人，每個人在學習上都應致力於鑽研「好問題」，也知道為了解決問題，應該要有哪些自我成長。

● 每個員工在工作上都有不斷成長的機會。

● 每個員工都至少知道一位公司員工的姓名及其目標，並在乎他們能否達成目標。

● 每個員工都知道完成變革與他們個人的關係，可以描述該項變革有什麼不同，可以為整個組織和個人帶來什麼利益。

員工的持續成長可以讓公司需求與個人需求有更完美的利益結合。公司提供了員工一個比滿足飢餓需求更好的投資，那就是體驗到自己的能力被不斷提升，無論向內或向外，都可以看得更深入透徹，行動能更有效，所及範圍也更大。

變革抗拒的診斷是個將遙不可及的改進目標變成「好問題」的工具，如果能先進行變革抗拒的調查，那麼在解決問題前，問題就已迎刃而解了。

在你的組織中，員工是否都有一個「對他們有影響」的好問題呢？

🔓 4. 假設心態的改變需要時間，且改變並非均速

人才的轉型需要花上一段時間，成人發展沒有捷徑。要在一夕之間改變，就跟奈及利亞財政部長的遺孀要轉移資金一樣，非常困難。你可能會覺得這需要很大的耐心，但事實上並非如此。

我們接觸過的很多公家機關和私人企業領導者，他們遇到人才轉型的問題時，通常都會說：「我沒時間搞這種事！」如果這也是你的答案，那你就錯了。因為你早就花很多時間在員工的培訓上了，包括一系列的重點培訓和解決管理問題訓練，都需要投入很多「時間」，遠遠多於克服變革抗拒的時間。而克服變革抗拒可能只要幾個月的時間就好，所以你其實有足夠的時間。

為什麼克服變革抗拒會這麼耗時呢？這是因為它屬於人類教化，而非人體工程。它是一種心理分化和重塑的漸進過程，仔細觀察過去有意義的方式，再重新「徹底審查」，其中過程十分複雜。談到公司重要的行動或計畫時，你不會去在意時間的長短，那為什麼講到「克服變革抗拒」，你就指望它要一夕間成功呢？

你可能會說：「要一個人克服變革抗拒，那就叫他多相信自己的直覺，不要太執著於別人的想法，如果我無法在一小時內坐下來解釋給他聽，想必在我的組織中一定有其他人可以做到！」從你的高度來看確實如此。但如果他正在打破長年來的價值觀，重新塑造一個世界，那對他來說，就沒那麼容易了。

並不是說你需要耐心來接受進化的觀點，而是接受了進化的觀點會讓你更有耐心。你會不耐煩是因為你認為它可以更快，但是當你接受了我們的發展研究觀點，你就會發現自己可以更有耐心。就像你知道毛毛蟲一定

會成為翱翔天際的蝴蝶，所以你對等待毛毛蟲長大這件事，並不會感到不耐煩。

但也不是沒有方法可以加快速度。採用了進化的觀點不表示你就要退居後位，只能呆坐等待。你還是有關鍵但獨特的行動要執行。雖然我們不能訓練毛毛蟲飛翔，但是我們可以確保毛毛蟲有濕潤的葉類食物。「好問題」是一種要用 X 光照射才看得出來的內部衝突，同時讓我們有機會去找出衝突的原因：這些都是思維轉換的養分。

當你的組織完成了人才發展後，結果是不是符合了你當初的期望呢？

🔓 5. 認同心態會形塑思想和感覺，所以改變心態需要涵蓋大腦與心

每個員工的感受都是工作中重要的一部分，成功領導者不會忽略情感世界的存在和重要性。只是大多數領導者不知道如何透過持續、有效、適當、具建設性的方式，與強大的情感世界建立緊密關係，致使領導者不是忽略情感世界，就是希望情感世界能自行運轉，或把它放到警戒隔離區裡（讓人力資源或經理培訓處理），或乾脆拖延時間（承諾會找相關的專家來處理）。

好吧，除此以外還有什麼方式呢？領導者又不是心理治療師，也不想成為心理治療師，甚至無法確定那些訓練有素的心理諮商師有多少人是自己公司的員工。採用進化的觀點來轉變人才，並不表示領導者要把公司變成集體心理治療中心，或領導者得成為學院創辦人般的領袖。

但這表示在這個領域中，理解「效率」和「效果」之間的差異是很重要的，為了「效率」而犧牲「效果」，實在划不來。雖然看似凌亂且耗時，

但進化的觀點意味著若沒有考慮參與者心態限制的學習設計，人員轉化的成效就打折扣。也就是說，領導者千萬別忘了員工每天都是帶著他們的人性一起工作的，除非找到結合職場情感生活的方式，否則員工無法成功完成重要目標。因此，企圖清楚劃分公、私領域，「工作領域」和「個人」之間的界線，是一種很幼稚又沒建設性的想法。

本書開頭提到的彼得和哈利，分別發現了克服變革抗拒的價值是：擁有共同的語言、共享的框架，並著重對組織與個人都極具價值的個人改進。克服變革抗拒不僅將私人感情世界帶到工作中，同時也將克服變革抗拒與目標達成緊密結合。

在你的組織中，關鍵情感是攤在檯面上，還是深藏在檯面下？當關鍵情感浮上檯面時，是支持還是阻礙個人和團體的學習？

6. 認同轉變並非只是心態或行為的改變，而是要兩者相輔相成

哲學家對「個人改變」這個問題已經爭論很久。我們是要試著「反省我們對轉換的看法」，然後期望行為上的改變是努力思考的結果？還是要盡我們所能學習新的行為，並且相信我們的思維能力會跟上這些新的經驗？

我們的回答是：都不是。我們認為，為了產生解決爭論的綜合方式，這整個問題必需要超越正反結構，這個綜合方式必需是全新的觀點，而非只是將兩者結合而已。

我們不能只看我們顯示在變革抗拒地圖上的心態，如同我們不能單純只改變自己的第二欄行為就好。而是要開始去做「練習」，以探索改變個人與組織理論的可能性（也就是存在於主要假設中的理論）。

正如你在 Part II 所看到的，我們的客戶透過行為的改變，轉換了他們的才能，這些行為是用來改變心態，透過心態的改變，才有了最終行為的改變，最後終於讓他們達成了目標。

　　就我們的經驗來說，大多數人甚至是那些自認無論在什麼情況下都能很自在的人，從來沒有專注、有條理、持續和積極地深思過什麼。他們處理事情的態度大多都是「遇到了再說」，或必需透過一連串問答，才能引起他們對特定的時間、經驗或事件的注意力。你是這樣的人嗎？

7. 提供安全保障，使人願意冒險去改變自己

　　我們還沒有將兒童心智轉變所學到的東西導入到成人發展中。在這些研究中，最重要的發現是：心靈成長需要的是挑戰與支持。好的問題能揭示我們建構意義方式的界限；並且讓我們能承受不了解自己、不了解世界、不了解自己想法的焦慮，這些對現在或年輕時的自我成長都是至關重要的。

　　克服變革抗拒的過程，就像工廠將每個未實現的抱負，改造成轉化學習會用到的好問題一樣。但是如果你只輸入「挑戰」，而沒有注意挑戰所引起的焦慮，那結果一定會令你失望。

　　就算你認為這項訓練應該在完全隱私的一對一教授下進行，但你也必需知道，一個人目前正在進行的事，在成為更強大的整合前，隨時有可能分崩離析。舉例來說，你發現艾爾刻意往自己的能力和舒適圈外冒險，而你對於他目前的表現有些疑慮，認為「艾爾永遠是艾爾」，他是沒有辦法改變的。這是你認為他不可能改變的第一個跡象，他的行為可能還不像值得嘉獎的事，但絕對是值得的，而且需要你的認可與肯定。

　　然而無論艾爾的新舉動在你眼中看起來如何，都是因為他有勇氣與意願去改變自己的焦慮管理系統，才讓他走到今天這一步。你可能會對最近的艾爾跟以前你認識的艾爾有所不同而感到憂心，但請相信我們，艾爾比你還要憂心，他正進入自己的主要假設，這些主要假設可能已經存在好多年了，而且一直告訴他，他現在做的是不該冒險的舉動。你的理解對他是否繼續這段改變自己的旅程，可能是至關重要的。

　　但如果你也想以團隊模式做克服抗拒的練習，所謂團隊模式就是成員們讓彼此進入自己的變革抗拒地圖，那你需要採取具有詳盡計畫的行動，讓團隊有比現在還多的安全感與信任。這不難做到；你只需要知道該如何進行就好。

　　還記得彼得‧多諾萬嗎？在他們公司剛開始進行克服變革抗拒訓練時，其中一位抱持懷疑態度的成員，曾為大家發聲說：「我已經在公司待了很多年，對這個變革我有很多疑慮，如果你讓別人知道你的弱點，那你就是在給對方彈藥。也許現在大家感覺都還不錯，那是因為大家目前都相處融洽。但我們怎麼知道哪天會不會有人將這些彈藥放入槍裡，並從背後攻擊我們呢？」

　　對於這個勇於發聲的人，彼得覺得要真誠地感謝他。彼得承認這個人說這番話是個冒險，他誠實說出無論怎麼做都不可能將風險降低到零，還提醒其他人，過去公司在達成偉大成就時，也都伴隨了不小的風險。

　　而最重要的是，他幫助大家立下了一個準則：不可以對他人說三道四，或以任何方式不尊重他人，凡是這麼做，都算違反了該團體的神聖宗旨。一年後，彼得告訴我們，最熱心最支持克服變革抗拒的人，就是當初那位勇敢提出疑慮的人。

　　還記得哈利‧史賓斯（見第 3 章第 87 頁）嗎？要確認一項需要深思

熟慮的行動、且讓團隊成為變革的安全場所，其實並不難，因為克服變革抗拒的訓練，並不是要拿組織成員的機密資訊去做什麼，大家比較在意的是，這些評估會不會列入個人檔案中。

這些經驗豐富的公務員知道長官們都是來來去去的，無論現任長官在他們個人及專業的評鑑上寫得多好，誰也不知道未來的長官會不會有相同的看法？在目前的團體中坦誠地討論自己的感受是一回事，但這種坦率會不會對他們將來有什麼不利，又是另一回事。

哈利承認一旦開始展開克服變革抗拒的訓練，絕對要有個明確的規範，整個團隊的安全水準會因為大家同意並遵守這個規範而提高。這個規範就是：無論團隊成員間有多少對話，包括評價性的對話，都不能列入任何成員的永久紀錄中。

挑戰與支持兩者必需齊頭並進。現在你是否覺得你的組織應該要更安全，以確保所有參與變革抗拒訓練的人都不會發生錯誤？

必需具備七大關鍵特性，才能成為成長中的領導者。如果你覺得這樣的挑戰性太高，我們可以給你一些支援：根據我們的經驗，要具備七大關鍵特性的最好方式就是：確認你正在克服自身的抗拒，了解（並感受）什麼樣的內在旅程可以提高你的領導能力，以引導其他人成功並安全地釋放自己的潛力。

我們寫這本書只有一個信念、一個目的。

我們堅信你的成長能力並無有效期限。不管你年紀多大，你和你身邊的人都可以不斷地成長。

我們的目的是給你一個新的概念與實踐的方法，來釋放你和你同事的潛力。

有一天當你想參加變革抗拒訓練時，不妨考慮一下彼得·多諾萬跟我們討論這本書時說過的話：「不管你跟領導人說了什麼，一定要告訴他們，做這些變革的勇氣充滿了活力和感染力，我親眼看到我們公司的高階團隊成員從『這太私人了！』變成『我也想這樣做！』的改變。」

我們也衷心希望你能完全克服變革抗拒，並能帶領團隊走向變革成功之路。

中衛叢書目錄

代碼	ISBN	書 名	作 者	價 格
技術叢書系列				
B1006	9578848617	工廠自動化 30 STEPS	武田仁	50
RE+ 地方活化系列				
B2001	9789869199858	億萬農夫—— 從負債千萬到年收破億的小農社群點金術	寺坂祐一	360
專案改善系列				
B3051	9789867690913	佳能式單元生產系統	酒卷久	300
B3052	9789869199841	新 TPM 加工組立	日本設備維護協會	500
經營管理系列				
B4035	9867690257	豐田的現場管理	日本能率協會	320
B4045	9789867690906	打造賺錢新食代	宇井義行	280
B4046	9789867690920	開發暢銷商品之探索與分析—— 六級產業化、農商工合作的新創商業模式	後久博	300
B4047	9789869199803	總裁診斷—— 臺灣飛利浦追求全面品質改善的卓越之路	林昌雄	420
B4048	9789869199827	創實——新台商的 7 道策略考題	佘日新	560
B4049	9789860512977	智城慧市大未來—— 全球趨勢、智慧應用、案例解讀，完全啟動下世代產業新商機！	中衛發展中心	360
B4050	9789860512830	小國大品牌—— 從委託代工到自創品牌的競合轉身	中衛發展中心、侯勝宗	360
B4051	9789869199834	變革抗拒—— 哈佛組織心理學家教你不靠意志力啟動變革開關	羅伯特・凱根 Robert Kegan 麗莎・萊斯可・拉赫 Lisa Laskow Lahey	460
QCC 實戰系列				
B7002	957884848x	基層改善向下紮根 團結圈活動基礎篇	古垣春等	210
B7003	9578848595	基層改善向上發展 團結圈活動進階篇	古垣春等	240
B7014	9789867690821	醫療品管的深耕活動 醫療界的 QCC 實務	中國醫藥大學附設院	250
B7015	9789867690845	QCC 推動者指導手冊	佐藤直人等四人	220
B7016	9789867690883	開發・營業・後勤的 小集團流程改善活動	日本品質管理學會—管理間接部門之小集團改善活動研究會	380
B7017	9789867690937	微改善變革——42 個提升企業競爭力的微改善提案	柿內幸夫	320
B7018	9789867690999	課題達成實踐手冊 新譯版	綾野克俊 監修	400
B7019	9789867690982	課題達成型 QC-Story 新譯版	狩野紀昭 監修	400
研究發展系列				
B8010	9789867690647	利用 QFD、TRIZ 田口方法提升開發暨設計效率	今野勤等	300

TQM 系列

B9005	9789867690593	入門田口方法	立林和夫	500
B9009	9789867690784	TQM 之問題解決法	日科技連問題解決研究部會	350

體驗經濟系列

BN003	9789867690630	體驗經濟的關鍵報告	中衛發展中心	350
BN006	9789867690685	點亮幸福生活圈	中衛中心生活產業部	300
BN007	9789867690944	六產達人—123 產如何點石成金	蘇錦夥	460

中衛精典系列

BS001	9789867690708	風格密碼	中衛中心任務小組	250
BS002	9789867690722	藍海品質之路	中衛中心功能技術部	250
BS003	9789867690746	經營管理的活水	中衛中心功能技術部	250
BS004	9789867690777	躍向全球的全面生產管理之路	中衛中心功能技術部	250
BS005	9789867690753	邁向夥伴之路	中衛中心	250
BS006	9789867690760	協同設計應用實務	中衛中心產業經營部	250
BS007	9789867690876	產業智慧 - 夥伴關係管理	中衛發展中心	250
BS008	9789867690890	工廠改善與管理工具 基礎篇	中衛發展中心	500

精實管理系列

BT002	9867690486	學習觀察	麥克·魯斯／約翰·舒克	700
BT003	9789867690548	建構連續流	馬克魯斯／李克哈理斯	700
BT004	9789867690555	建構平準流	Art Smalley	700
BT005	9789867690579	綜觀全局	Dan Jones/Jim Womack	700
BT006	9789867690586	精實物流	Rick Harris、Chris Harris、Earl Wilson	700
BT008	9789867690524	豐田的三位一體生產系統	大野義男、江瑞坤、侯東旭	700
BT012	9789867690661	豐田改善直達車	成沢俊子、John Shook	350
BT013	9789867690807	追求超脫規模的經營	大野耐一	280
BT014	9789867690814	圖解服務的豐田精實方式	豐田生產方式研究會	250
BT016	9789867690869	工具機產業的精實變革	劉仁傑、巫茂熾	280
BT017	9789867690968	精實現場管理—— 豐田生產方式資深顧問親授 40 年現場管理實務	大野義男、江瑞坤	780
BT018	9789867690951	精實醫療實戰篇——維梅醫學中心的精實變革之路	查爾斯·肯尼 Charles Kenney	560
BT019	9789867690975	超圖解自働化——152 個內建智慧的豐田高效生產法則	武田仁	420
BT020	9789869199810	精實創新——快思慢決的開發技術	稻垣公夫	400

海報系列

P0002		TPM 海報暨標語 （4 張海報 6 張標語）	海報為漫畫形式 （53cm×77cm）	600
P0007		意識革新海報 （7 張海報）	海報為漫畫形式 （53cm×77cm）	700

國家圖書館出版品預行編目(CIP)資料

變革抗拒：哈佛組織心理學家教你不靠意志力 啟動變革開關 /
羅伯特.凱根(Robert Kegan), 麗莎.萊斯可.拉赫(Lisa
Laskow Lahey)著；陸洛等譯. --臺北市：中衛發展中心, 2017.05
面；　公分. -- (經營管理系列 ; 51)
譯自：Immunity to change : how to overcome it and unlock
potential in yourself and your organization
ISBN 978-986-91998-3-4(平裝)

1.組織變遷 2.組織心理學 3.組織行為

494.2　　　　　　　　　　　　　　　　105011257

經營管理系列 51

變革抗拒　哈佛組織心理學家教你不靠意志力 啟動變革開關

作　　　者　　羅伯特‧凱根（Robert Kegan）、麗莎‧萊斯可‧拉赫（Lisa Laskow Lahey）
審　　　校　　陸洛
譯　　　者　　陸洛、吳欣蓓、張婷婷、樊學良、吳珮瑀、周君倚、陳楓媚、梁錦泉
發 行 人　　謝明達
總 編 輯　　朱興華
編輯委員　　陳耀魁、周育樂
企劃編輯　　林淑芬
執行編輯　　林燕翎、鄭維妮
特約編輯　　齊世芳
封面設計　　javick工作室
內頁設計　　黃鳳君

發 行 所　　財團法人中衛發展中心
登 記 證　　局版北市業字第726號
地　　　址　　100台北市中正區杭州南路一段15-1號3樓
電　　　話　　(02) 2391-1368
傳　　　真　　(02) 2391-1281
網　　　址　　www.csd.org.tw
劃撥帳號　　14796325 / 戶名　財團法人中衛發展中心

書系代碼　　B4051
總 經 銷　　聯合發行股份有限公司
　　　　　　　電話：(02)2917-8022
出版日期　　2017年5月
ISBN-13　　978-986-91998-3-4
定　　　價　　NTD$460元